甲板

隔舱

龙骨

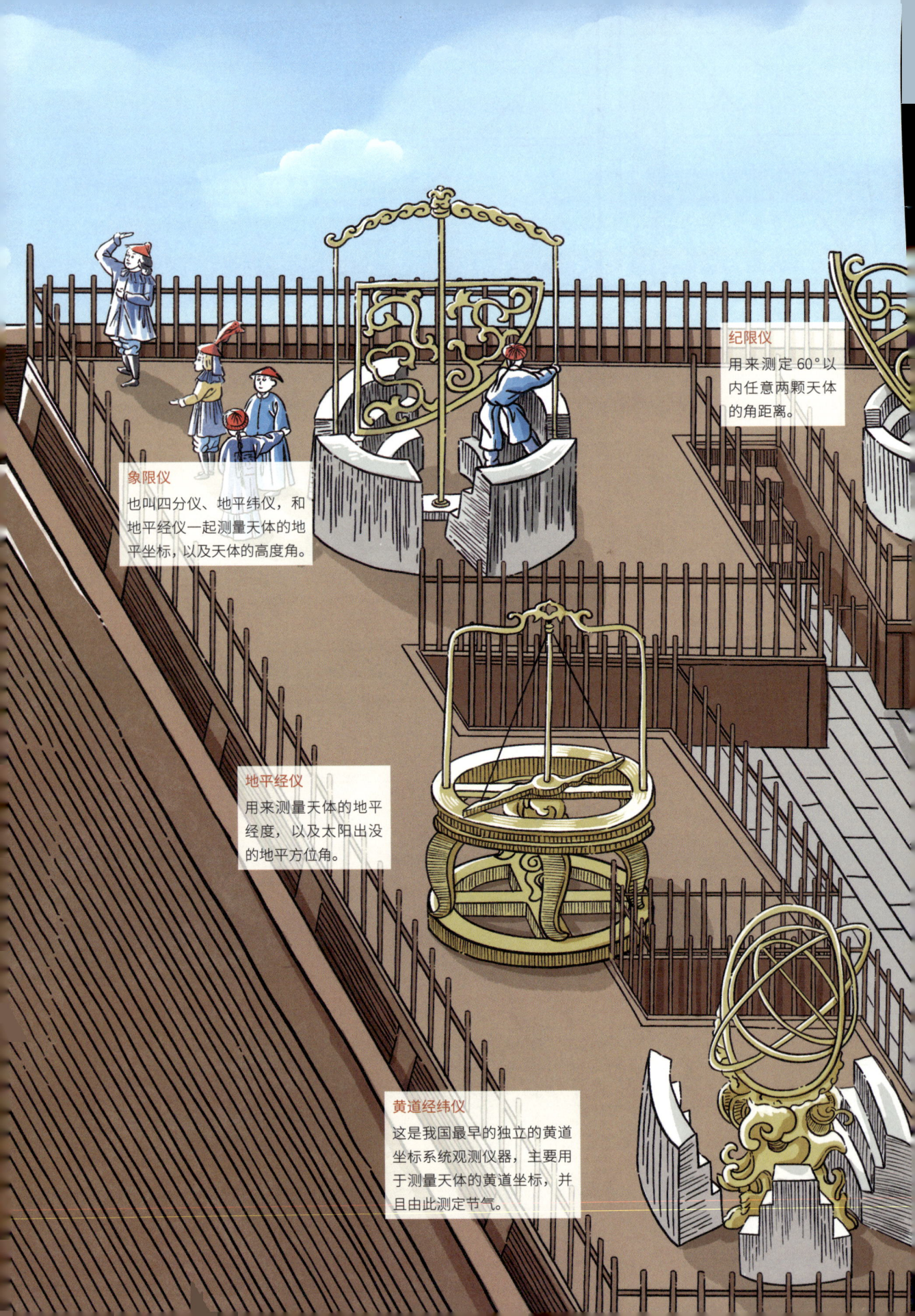

纪限仪
用来测定 60° 以内任意两颗天体的角距离。

象限仪
也叫四分仪、地平纬仪，和地平经仪一起测量天体的地平坐标，以及天体的高度角。

地平经仪
用来测量天体的地平经度，以及太阳出没的地平方位角。

黄道经纬仪
这是我国最早的独立的黄道坐标系统观测仪器，主要用于测量天体的黄道坐标，并且由此测定节气。

北京古观象台

　　北京古观象台是明清两代皇家天文台，始建于公元 1442 年。它历史悠久，配套齐全、仪器先进，是明末清初中西文化交流的重要场所，享誉海内外。在当时，来到中国游历的东西方客人都带回了对古观象台的图像记录。你看，这就是《唐土名胜图会》中记录的有"清初六仪"的古观象台，如果你有机会到北京参观，可以去对比认识一下哦，看看图中场景和现在的场景有哪些区别？

　　1. **黄道坐标、赤道坐标、地平坐标**：坐标就是用来确定一个点在平面或空间中的位置的数据，不同参考平面和坐标轴就会有不同的坐标系。赤道坐标以天球赤道作为参考平面，用赤经和赤纬表示天体的位置。黄道坐标系是以地球公转的黄道作为参考平面，在地球上观测、描述天体与黄道的相对位置。地平坐标系以观测者所在位置的地平面为基准，以高度角和方位角为坐标描述天体在地平线上的位置。

　　2. **角距离**：也就是两个星星的夹角大小。以地球的观测者为起点指向两个天体，由观测者指向这两个天体的直线之间所夹角度的大小便是角距离。

　　3. **方位角和高度角**：在地平坐标系统中，以北点（子午圈和地平圈的北交点）为起始沿着地平圈向东测量天体所在地平经圈的角度就是方位角。沿着地平经圈，测量天体距离地平圈的角度即为高度角。

　　4. **真太阳时**：由太阳日演变而来，是根据太阳在天空中的实际位置来确定的时间，一个真太阳日是指太阳连续两次通过同一子午圈的时间间隔，一真太阳日等于 24 个真太阳时。某地的正午时刻（太阳位于那个地点的子午线上最高点）为 12:00。

福船模型图

首帆

船锚

船体

天体仪

首次在仪器上将西方的测量制度固定下来。它的主要功能包括演示天体的运动，还可以进行不同坐标之间的换算。

赤道经纬仪

用来测量天体的赤道坐标和真太阳时。

作为中国自古以来备受重视的坐标系统观测仪器，它被放置在观象台东侧最佳的观测位置上。

尾帆

船舵

水

千年奥秘

图解中国古代自然科学

刘庆天 / 刘瑕 / 张兮 / 罗克劳　编著

杜田 / 朝汲　绘

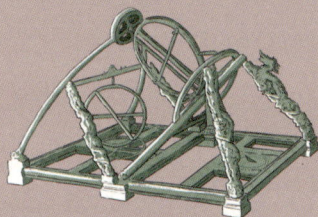

电子工业出版社·

Publishing House of Electronics Industry

北京·BEIJING

《华夏奇技》这个系列包含了三本书：《烟火人间：图解古人的衣食住行》《千年奥秘：图解中国古代自然科学》《天工奇巧：图解中国古代器械》，是一套不可多得的好书，人类社会总是在传承中进步和发展，中国古代科技是古人智慧的集中展现，也是需要我们学习和传承的。我们不但要了解中国古代科技知识，更要对古人的智慧进行发扬与创新。

《华夏奇技》系列的亮点有二：一是精当的内容取舍，在不大的篇幅中容纳了足够多的知识内容，简直就是高度浓缩的中国古代科技史。我觉得这就是一部《十万个为什么》和李约瑟的《中国科学技术史》的再现。二是精美的手绘插图，书中大量的手绘插图能体现古代科技发展的神与魂。许多插画都是对文物的再现，这些手绘插画比博物馆中的文物更灵动、更传神。

《华夏奇技》不仅仅是针对青少年的读物，更是每个家庭的必备图书。无论是谁，如果能打开《华夏奇技》系列，你就会立刻放下杂念，开始静心地阅读。阅读这套书，你会获得智慧的启迪，震撼的美感，从而产生无穷的力量。

当你计划去逛博物馆，当你准备进行一次研学旅行，《华夏奇技》系列可以随时给你一个智慧的起点。

科学是有体系的知识结构，技术是把理想变为现实的手段，科学技术是人类实现美好生活的有力工具。中国古代天文学、数学、地理学、农学、医学、物理学都形成了自己独有的知识体系，以四大发明为代表的古代技术更是人类文明的瑰宝。

天文学的发展是为了指导农业生产，今天我们习以为常的二十四节气，其实是古代天文成就的通俗表达。本书用最容易理解的插图向我们说明了古代天文学的惊人成就。从超新星爆发的记录到"十九年七闰"的历法；在不断演进的文物中，我们体会出二十八星宿在古人心目中的意义。

用最明快的经典示例展现中国古代自然科学的发展。在最短的时间里，你能轻松明白"测"和"绘"对地理学的意义，你能轻松掌握贾湖骨笛和战国编钟中的声学（音阶）原理，你能轻松理解算盘中的数学思想。

《千年奥秘：图解中国古代自然科学》以经典知识传承中华文明，在诠释中国古代自然科学的过程中，让现代读者感受到中国古代科技力量的伟大与魅力。

北京市第七中学历史教师，历史学博士，北京市西城区第五届历史学科带头人　王宗琦

前言

P R E F A C E

敲完最后一个字，我仰躺在椅子上长吁了一口气：终于完稿了！从确定目录大纲到码字结束，经历了多次日月轮转、潮汐往复，手起手落间3年已经过去了。这套书体量庞大、涉及类别众多，一百个字里或许就包含着复杂的知识点和幽微的历史，每写下一个字都必须千分小心、万分笃定，对于此类科普图书，稍有失误必定"祸害万年"。因此，漫长的写作岁月不仅说明了这套书的来之不易，也说明了我们对这套书的高度重视。

中国科技发展历史根植于传统文化之中，博大精深、源远流长，如大江大河般宽广厚重，如满天星斗般璀璨绚烂，其间承载了无数前人的智慧和心血，既是一部关于科技的发展史，也是关于中国人如何奋发图强、不断拼搏创新的自强史。接到编辑约稿时，我内心颇为忐忑，没有底气将如此丰富多彩的中国科技成就铺陈开来细细讲述。恰好我身边有志同道合的两位同事，她们正好都对大纲中的某一领域进行过深入研究，于是我们一拍即合，决定共同撰写这套图书。后来又有天儿哥（刘庆天）加入，天儿哥深耕策展行业多年，有着丰富的撰稿经验与深厚的文字组织能力，眼界宽阔，能够触类旁通，对于我们的编撰工作而言无疑是一大助力。

近万年的中华科技文明区区几笔怎能揽其全貌？代表着中华民族从古至今拥有着先进思维和创新精神的科技发明创造又怎是我们几位仅窥其门径的后生能够全面讲述的呢？因此，这套图书的定位并不在于广博，而在于精细，在于以典型见时代、以具体见整体。我们将古代科技分为农业、纺织、建筑、交通、冶金、天文等多个方面，选取其中最具代表性的科技成就深入浅出地进行介绍，希望能让千姿百态的古代科技融汇为流动着的字符与图像，让读者的整体阅读体验舒适而有趣。

我们深知，四两拨千斤式的文章手法知易行难，我们也只是4个初出茅庐的文字工作者。或许我们最初的愿景并未能完全实现，或许我们对古代科技的介绍依然留有漏缺，但人生就是一个不断向上生长的过程，有遗憾才能有进步，世间万物不可能有真正的圆满。大成若缺，能与读者们一起进步就是作为文字工作者的我们最大的心愿。

刘瑕

2023年9月

距离我画完这套书的部分画稿已经有一年多了吧？或许是两年，我难以分辨出确切的时间，因为这段时间的琐事过于繁杂，我几乎遗忘了它，直到动笔写这篇前言。回忆就像一个深不见底的旋涡，我深陷其中，眼前不断地浮现着过去的画面。过去的我，过去的情绪，风一般尖啸而来。

接到委托时我刚读完大一，那是一个躁动、真实但不成熟的时期。我相当有干劲，接了就画，一拿到文稿就画，不舍昼夜，无惧前路。后来，我生活中的变数层出不穷，一切变得模糊而又锋利，让我现在来评价就是"在不适宜的时期揽下了无法胜任之事"。我只绘制了一部分，其余部分无力完成，很感谢编辑的体谅和下一位插画师杜田的接手。我长久以来难以面对此书，感到愧疚又无奈，也许现在是最后也是最好的时机再次面对它。

当时有一句流行的话是这样说的："到底是怎样的结局才能配得上这一路的颠沛流离？"画得特别累的时候我便会想起这句话。比起事件，情绪抢先一步在回忆中涌现，痛苦如烈火缠身，在缝隙中我憧憬着应得的结局。后来有结局吗？似乎没有。没有结局的。它成为我的一部分，融进了我的生活中。我原本痴迷于繁复的线稿和赛博朋克风格的绘画，如改造人、机械，以及帮派斗争，而如今我主要创作与中国传统文化及壁画相关的作品，如《西游记》《水浒传》、敦煌飞天和佛教文化等。我相信参与这本书的绘制是我风格转变的众多原因之一，是冥冥之中埋下的念想。凡事难看透结局，因果交替。每一次决定，每一次成功或失败，每一次坚持或放弃，都可以是另一件事的因或果。人生如旷野，冒险者难免感到迷茫。当我回首看向来时的方向，却发现已经走出了很远。我难以预料未来会发生什么，也难以知晓过去的哪个决定会影响现在的我。但是，我只希望能够不枉坎坷，去往想去的地方。

话说回来，这是我见过的最全面的关于中国传统科技和文化的科普读物，它拥有无数插图，真的是"无数"。我为它的完成感到由衷的敬佩，所有人都带着无穷的勇气，为之付出了相当多的心血。谢谢编辑、作者、插画师，以及所有参与此书制作的工作人员，也谢谢读者。愿大家都能在旷野中平安，寻得快乐。

朝汛

2023 年 9 月

　　科技是科学和技术的统称，发展科学的目的是认识、了解世界，而发展技术的目的是改造自然，二者相辅相成，推动着历史的发展和文明的进步。早在千百年前，中国人就已经有了自己的科技，古代天工巧匠们的伟大发明和技术成就深刻地影响着人类文明的进程。这套书图文并茂，通俗易懂地展现了农业、纺织、建筑、交通等多个方面的古代科技，让大家在阅读的过程中可以清晰、直观地了解到古人在各个领域的科技发明。

　　我从事绘画图解的工作已有四五年了，最初在创作第一本图解书《华夏衣橱：图解中国传统服饰》时，就曾想有没有一本书以图解的方式讲述古代的纺织技术呢？因此我在接到绘制这套书的插图工作时十分激动。能用插图描绘千百年前的古代科技，能让现代人感受到古人在探索、改造自然的过程中无尽的创造力和智慧是一件非常有意义的事。

杜田

2023 年 9 月

编委会名单：

刘　瑕　刘庆天　张　兮

罗克劳　杜　田　朝　飒

目
录

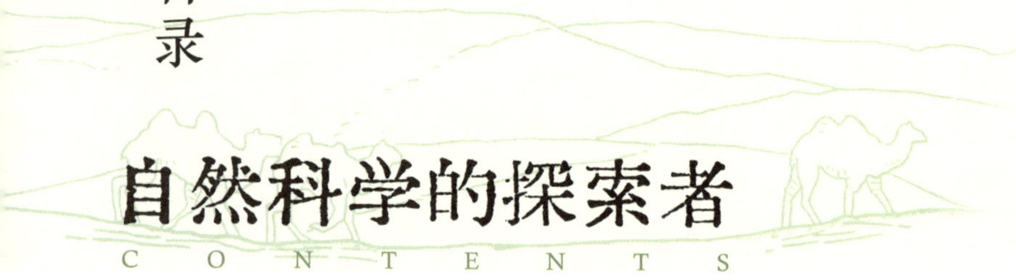

自然科学的探索者
C　O　N　T　E　N　T　S

华　夏

农业·纺织·建筑·交通

文明交流·物理·数学·地理学·天文

冶铸·机械·书写·印章·陶瓷

自然科学的探索者

奇 技

第 1 章

群星璀璨：天文

图—解—中—国—古—代—自—然—科—学

小时候生活在农村，晚上和家人去亲戚家做客，路上，我常常会根据课本中描述的知识去寻找北极星、北斗七星、猎户座，还有传说中隔在银河两岸的牛郎星和织女星……

中国是世界上最早进行天文观测和研究的国家之一。回顾历史并翻阅典籍，中国古代的神话、政治、哲学、建城、科学等，与天文有着千丝万缕的关联，研究天文对于了解中国古代历史等有着重大意义。中国现代天文学家朱文鑫先生说：“天文是科学之祖，文化之母。”在中华民族绵延发展的过程中，天文学也随着我们的文明史与日俱进。本章，我们就来了解中国古代天文的故事吧。

1.1 天象记录

为了保障农业的发展，中国古代先民在很久以前便开始对自然环境进行观察和记录。历朝历代也非常重视对天文现象的观测和记录，并总结出了相应的规律。在中国浩如烟海的典籍之中，古人留下了世界上最早的一批天象记录，这些关于天象的记载，不仅内容丰富，而且准确性、科学性极高。世界各国的天文学家有一个共识，即 400 年之前的天象记录中，数中国的最丰富、可信度最高。这些古代的天象记录对现代天文学研究有很重要的参考意义，它们本身也是全人类探索宇宙奥秘的科学遗产。

1.1.1 超新星爆发

在中国新石器时代距今 4000~8000 年前的文化遗址当中，有 20 多处出土了带有八角星纹图案的器物，这些遗址北至内蒙古，南至湖南，东至山东，西至青海。经过专家研究和分析，八角星纹图案应该是人们对一种大范围天象的描绘，这种现象应该是相当直观、醒目的。八角星纹图案很可能与一次史前的超新星爆发事件有关，是人们在超新星爆发后一段时间内对该现象进行的图案化记录。

来自内蒙古

来自甘肃

来自山东

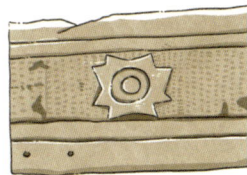

来自湖南

超新星爆发是宇宙中最壮观的现象之一，其亮度远高于"正值壮年"的恒星，不过，这么华丽的景象却是一颗大质量恒星死亡前的"谢幕"。

专家认为，八角星纹图案极有可能是古人对船帆座超新星爆发的记录。综合现代天文学中关于超新星遗迹的观测资料，以明亮、醒目为最重要的前提条件，充分考虑到超新星遗迹的距离、年龄和方位等因素，距离地球约 815±98 光年，年龄约为 11400 年的船帆座超新星遗迹符合这一条件。

1.1.2　太阳黑子

太阳黑子是太阳光球层上出现的一种局部亮度下降的现象，是由太阳表面下方区域的周期性磁场运动引起的，是长期存在的太阳活动。现代天文学研究表明，其活动的平均周期为 11 年。

有专家认为，3000 多年前的甲骨文就有了与太阳黑子有关的信息。西汉时期的记录"日出黄，有黑气，大如钱，居日中央"，文中的"黑气"就是太阳黑子，这也是目前世界公认的最早的关于太阳黑子的记录。

直到 17 世纪，意大利科学家伽利略才使用望远镜记录下两组太阳黑子的位置。

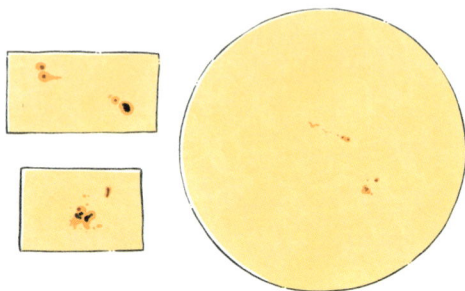

作为太阳的图像代表，名为"金乌"的黑鸟造型被认为是太阳黑子。图为西汉时期马王堆汉墓出土的 T 型帛画上的太阳和金乌的图案。

1.1.3　日食

日食是指太阳、月球和地球处于同一直线上，月球挡住了太阳的光芒，导致地球局部地区的人在白天看不到完整的太阳的现象。中国古人将帝王比作太阳，太阳的变化会被联想到皇权和国运，所以历朝历代十分重视对日食的记录，并对它进行预测。在汉代，人们基本能够预测日食发生的日期，到了唐代，预测日食的误差已经缩小到几个小时之内，到了清代，预测日食的准确性已经在 15 分钟以内了。

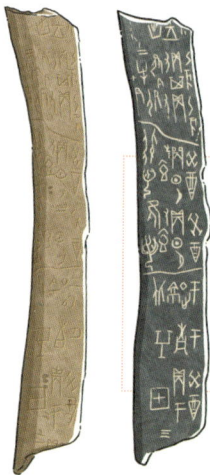

这是商代的甲骨文，其中有"癸酉贞，日月又食"的文字，它记录了距今 3000 多年前的一次日食，这被认为是目前世界上最早的日食记录。

根据日食记录，我们还可以计算出历史事件的日期。《竹书纪年》中记载了"懿王元年，天再旦于郑"，其中"天再旦"的意思是天亮了两次，结合现代天文学的研究，原文是说那天太阳刚出来，忽然发生了日全食，天就黑了下来，等日食结束后，太阳又重新出现在天上。通过历史学家和天文学家的合作，推算出了历史上的"懿王元年"的时间为前899年。

1.1.4 五星会聚

五星是哪五星？
- 金星——太白
- 木星——岁星
- 水星——辰星
- 火星——荧惑
- 土星——镇星

这是一件东汉时期的织锦，上有文字"五星出东方利中国"，它表达了人们对国家兴盛的祝福，这种祝福和一种被称作五星连珠的天文现象有关。

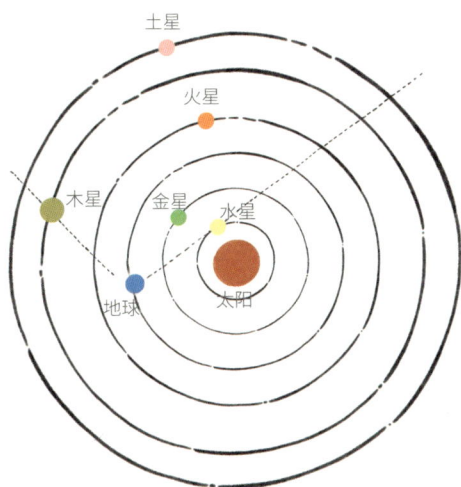

五星连珠是指当5颗行星运行至太阳的同一面时，从地球上观看，它们同时出现在同一天区，并形成一条相对平直的线。这是一种罕见的现象，也被称为"五星会聚"。

由于五颗行星有着不同的运行规律，公转周期在3个月到30年不等，因此，五星会聚的概率很低，每次会聚中5颗行星的相对位置也不一样。这种小概率事件在古代被赋予了特殊寓意，被认为是国家兴盛的预兆。

"五星出东方利中国"这句铭文是中国古代天官的星象占辞，寓意当五星共同出现在东方的天空中时，国家吉祥顺利。

上一次发生五星会聚的时间是 2000 年，据天文学家分析，这个在古代被视为祥瑞之兆的天象，下一次将发生在 2040 年。

知识拓展：

①虽然现在船帆座位于南天区，但是经过专业软件的计算和复原，人们发现，在新石器时代的人们是能看到船帆座的。

②清代绘画《日月合璧五星联珠图》记录了清乾隆年间的一个新年，天空中不仅出现了五星连（古用"联"）珠，同时还出现了太阳和月亮，这就是日月合璧。

1.2 天文仪器

天文观测是天文学的基础，在中国漫长的观天历史中，天文仪器对于观天者的作用与价值是不可或缺的。人们从最初的肉眼观察、身体丈量、借助建筑与山川观测，发展到立竿见影的观测，再发展到建造大型观象台观象授时。那些或简易、或精巧的蕴含着丰富的科学技术的天文仪器是古人智慧的结晶，将我国的天文科技水平推向一个又一个高峰。

根据用途的不同，中国古代天文仪器可分为：测量日月运行周期的仪器，如圭表；观测和演示天体位置和运行的仪器，如浑仪；用于计时的仪器，如漏刻等。

1.2.1 圭表

"立竿见影"这个词常用来形容做事情成效显著，它的原意是在阳光下竖起竹竿，立刻就看到了竹竿的影子。圭表就是立竿见影的工具。

圭表是中国古代最重要的天文仪器之一，它由两部分组成，垂直立在地上的标杆为"表"，平卧在地上的尺或盘为"圭"，位于表的南侧或正下方，是用来测量影长的带有刻度的量尺，也称为"土圭"。圭和表垂直相接，二者结合就是圭表。早期的圭表，表垂直立在圭正中，后来出现了尺状圭。到了汉代，圭与表的形制基本确立，并且圭表一体，确立了"表高 8 尺、圭长 1 丈 3 尺"的规格。

根据文献记载，我国在周代就已经能立表定向、推定节气了。

通过观测同一天的日出和日落时表影在圭中的交点，人们可以确定方向，这两点便是正东和正西，结合正午的表影和北极星又可判断正南和正北。

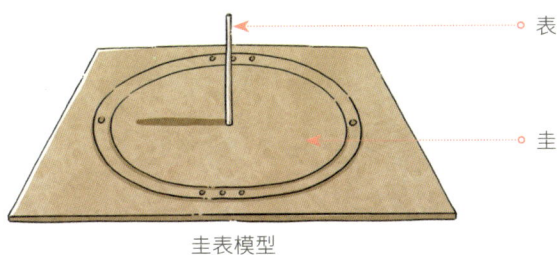

圭表模型

不过，在古代，圭表最重要的功能是推定节气，其中最重要的是确定冬至。在你的家乡是否有"冬至大如年"的说法呢？因为，冬至在历法中通常被当作一年的起始点，确定冬至对纪时、授时至关重要。因此，圭表测影是古代官方常规的天文观测活动，格外受到重视。

由于地球在围绕太阳公转，不同季节正午时分的太阳高度角不同，表投在圭上的影长也不同。于是，每当冬至日即将来临的时候，古人都要找出正午影长和它最匹配的时间。经过长期的观测与记录，人们定义了回归年，即从一次冬至到下一次冬至的时长。

由于太阳光存在散射现象，表影在圭上指示的长度会有模糊不清的情况，这将影响人们测量的精度。到了元代，圭表有了一次重要的改良，天文学家郭守敬将表的高度增加到 40 尺，是原标准表高的 5 倍，表上设有横梁，通过横梁的影像来测量影长，影长随表高的增加而增长，影子模糊不清带来的误差也随着影长的变化而减小。

《夏至致日图》中在夏至日观测表影

在北极圈至北回归线之间的地区，正午时分的太阳永远在正南，冬至日这一天的太阳高度角最小，表影最长，夏至日则与之相反。经过长期的观测与记录，冬至日正午和夏至日正午的表影的长度便作为冬至日、夏至日来临的标志。

郭守敬还发明了景符，使测影的精确度得到进一步提高。景符是个极其简单的部件，郭守敬将一片有小孔的薄铜片置于一个小框架内，使用时将铜片的平面与阳光正交。景符可以像游标一样沿圭南北移动，使太阳、横梁、景符上的小孔三者形成一条直线，圭上会形成一个米粒大小的太阳影像。

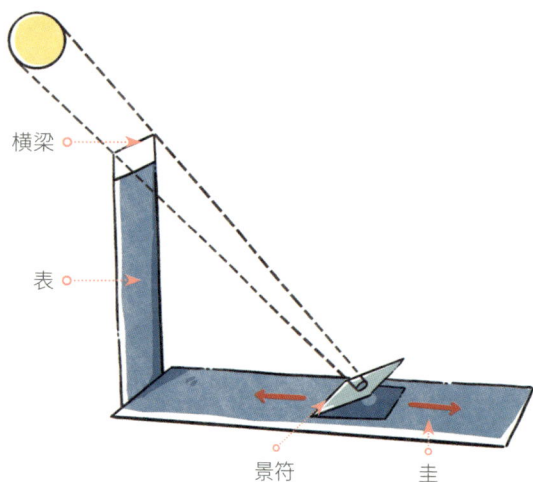

在改良并创新圭表的基础上，郭守敬结合了前人的经验和历史测影的数据，推算出了冬至日和夏至日的具体时间，并进一步推算出了一个回归年的精确值为 365.2425 日。

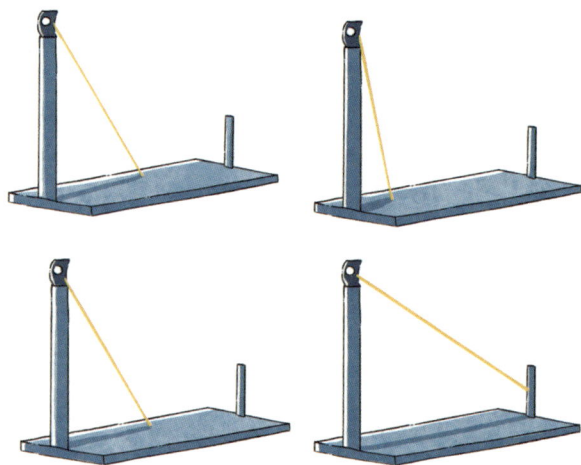

明代圭表（含副表）在春、夏、秋、冬的投影演示图

1.2.2 浑仪到简仪

浑仪是我国古代以浑天说为理论基础建造的天文观测仪器，是模拟古人心中的天球设计出来的，它可以演示天体的运动，同时可以用于测量日月、行星、其他恒星在天空中的位置。

浑仪的发明与制造始于汉代，随着天文学的发展和天文学家的改进，浑仪的结构越来越精密、复杂。唐宋时期，浑仪发展得比较完备、成熟，已经成为由内到外层层套叠的三重结构。我国现存最早的浑仪是明正统年间仿照宋元时期的浑仪制造的，通过它，我们可以了解浑仪的构造、功能和使用方法。

浑仪的核心部分用来观测天体，最重要的作用是观测星星的赤道坐标。

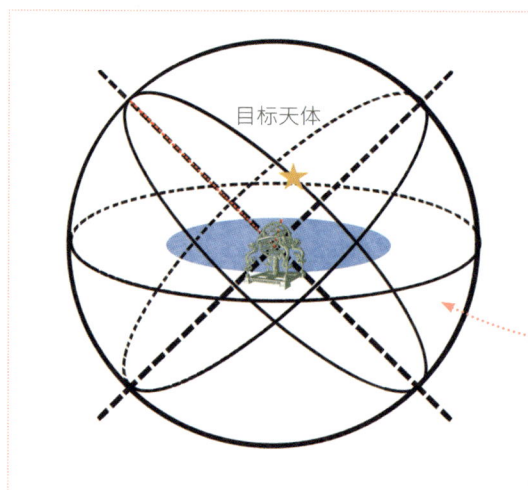

浑仪工作原理示意图

外层

外层为六合仪,由地平圈、赤道圈、子午圈 3 个大圆环组成。

中层

中层为三辰仪,包括赤道环、黄道环、二分环、二至环,可绕极轴旋转。

内层

内层为四游仪,上有一根中空的窥管,窥管可以上下转动,也可以随四游仪绕极轴旋转。

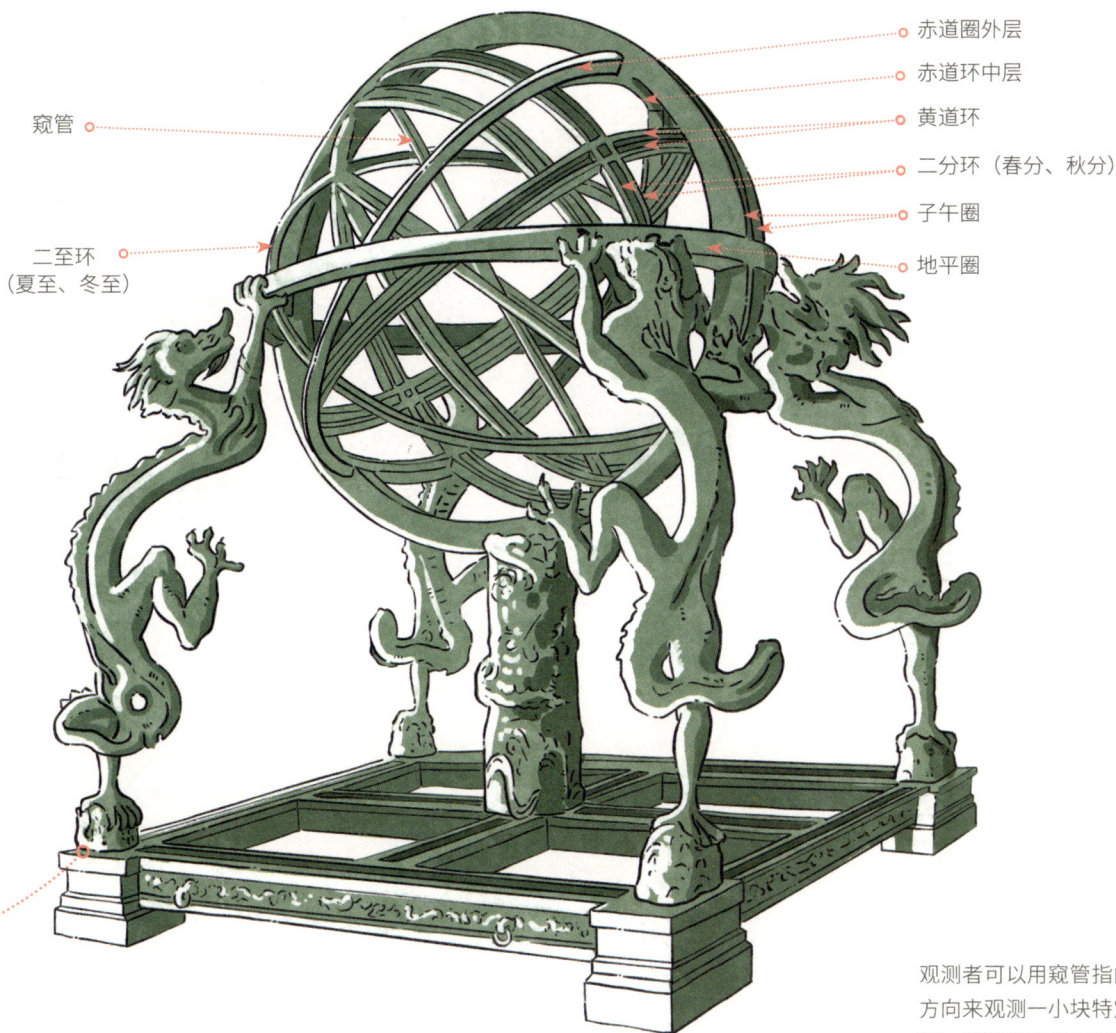

窥管

二至环
(夏至、冬至)

赤道圈外层

赤道环中层

黄道环

二分环（春分、秋分）

子午圈

地平圈

明代浑仪

观测者可以用窥管指向不同方向来观测一小块特定的天区,调整相应的坐标圆环,来测量天体的位置、两个天体之间的角度、赤道坐标、地平坐标和黄道坐标等。

浑仪构造精密，但也存在两大缺点：一是众多环圈中心重合，装配复杂，难免产生误差；二是环圈交错，相互遮掩，观测不方便。

于是，从北宋开始，科学家们逐渐将浑仪进行简化，直到元代，郭守敬设计并制造出了简仪，它保留了最基本的环圈，将其分开安装成两个部分，分别是赤道经纬仪和地平经纬仪。

上部

有 4 道圈，构成赤道经纬仪，由上至下，依次是定极环、四游环、赤道环、百刻环。其中，定极环用来校正仪器的极轴指向，四游环用来测定天体的去极度。利用四游环和赤道环附属的界衡，可以测量天体的入宿度。

下部

有两道圈，组成地平经纬仪。竖直的由东向西转动的是立运环，当旋转窥衡瞄准日月星辰时，可以测量天体的地平高度。平卧在下面的是阴纬环（地平圈），用来测量天体的方位角。

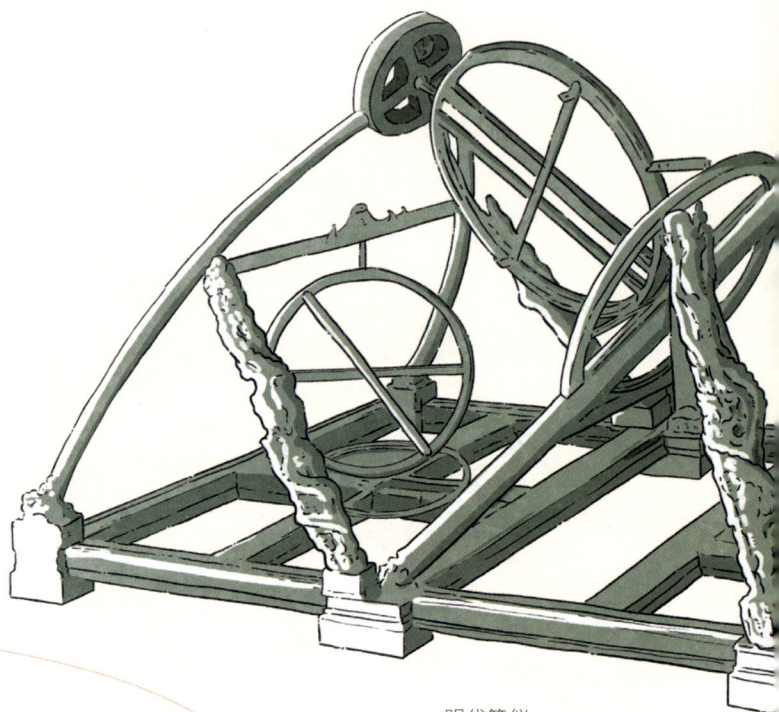

简仪还有两项领先的设计。

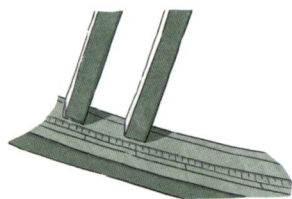

明代简仪

简仪的刻度划分达到了 1/36，比以往的 1/4 更精细。

窥衡是在窥管的基础上发展而来的，相当于在窥管的两个观测端各安装了一组十字丝线，观测时，将两组"十字"瞄准待测天体可以获得更精确的信息。约 300 年后，丹麦天文学家第谷才在欧洲应用同样的装置。这个设计至今还在许多天文望远镜的寻星镜上应用。

简仪的赤道环可以在固定的百刻环上转动，两个扁平的大铜圈在滑动时有很大的摩擦阻力。郭守敬在两环间平放 4 个短小的圆柱，将两个圆的接触面之间的滑动摩擦改变为滚动摩擦，旋转因此变得顺滑，即"旋转无涩滞之患"，这一设计和应用可以说是近代滚柱轴承的起点。

在郭守敬改制简仪的 200 多年后，意大利的达·芬奇才有类似的轴承设计。

此外，郭守敬设计的简仪还是近代大型望远镜赤道装置、近代工程测量、地形测量及实用天文测量所用的地平经纬仪的先驱。

1.2.3　漏刻

时间计量是通过一种标准运动过程来度量别的运动的进程和快慢的标准，这种标准运动过程必须是非常均匀和持续不断的，如均匀滴下的水滴、缓慢燃烧的香等。

中国人对时间的精确性有着持续不断的追求。在机械钟表传入中国之前，古人在水的运动中"抓住"了时间的诀窍。有一种叫"漏刻"的计时器是古代中国最普遍的"时钟"，它有着数千年的历史，有的漏刻甚至持续为人们服务了 7 个世纪。

"漏"是指计时用的漏壶，"刻"是放在漏壶中的有刻度的标。利用水受重力，均匀滴漏的原理，由"刻"的起落显示数据来记录时间。

早期漏刻是在单个漏壶的底部开一个小口，漏壶中放一支有刻度的木杆，通过人眼观察水位退到木杆的刻度来计算时间。因为早期漏刻的使用大多与军事有关，所以这种木杆被称为箭杆，这种漏刻被称为"淹箭漏刻"，这种方法又被称为"淹箭法"。

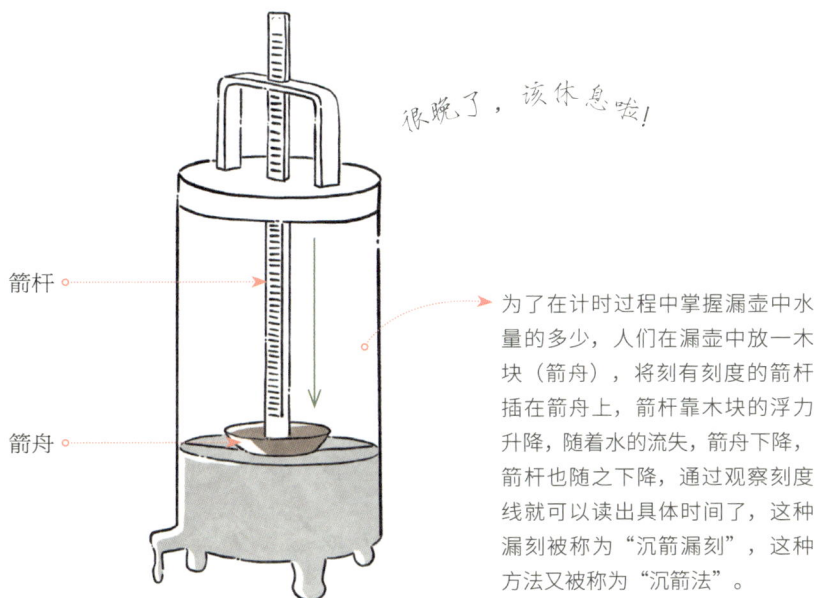

很晚了，该休息啦！

箭杆

箭舟

为了在计时过程中掌握漏壶中水量的多少，人们在漏壶中放一木块（箭舟），将刻有刻度的箭杆插在箭舟上，箭杆靠木块的浮力升降，随着水的流失，箭舟下降，箭杆也随之下降，通过观察刻度线就可以读出具体时间了，这种漏刻被称为"沉箭漏刻"，这种方法又被称为"沉箭法"。

沉箭漏刻的计时精度比淹箭漏刻稍高，但仍不够准确，原因在于水的流速与漏壶中水位的高低有关，水位越高，流速越快，水位越低，流速越慢，箭杆下降的速度也就变得不均匀，计时精度会逐渐降低。于是，一种进一步提高漏刻计时精度的计时方法出现了，它就是"浮箭法"，这种漏刻又被称为"浮箭漏刻"。

最早的浮箭漏刻由两个漏壶组成，一个是泄水壶，另一个是受水壶，受水壶中放箭尺，水的流动只经历一次，这就是单级浮箭漏刻。泄水壶的水不断地注入受水壶，箭尺上的时刻标记随着水位的升高而显露出来，人们就可以知道当时的时刻了。单级浮箭漏刻仍有较大误差，经过多年的实践和改革，人们在泄水壶和受水壶之间加一个补偿壶，这样会使补偿壶在向受水壶供水的同时，又不断得到泄水壶流出的水的补充，从而使补偿壶的水位保持相对稳定，这就是二级补偿浮箭漏刻，是二级漏刻的一种。

东汉著名科学家张衡记录了当时的二级漏刻的使用情况：漏壶用铜制成，有两个泄水壶和一个受水壶，两个泄水壶像台阶一样重叠错开放置。泄水壶的底部开口，水通过"玉虬"排出，从第一个泄水壶流至第二个泄水壶，再由第二个泄水壶排给受水壶。由此可知，二级漏刻最晚在东汉时期就已经出现了。

二级漏刻提高了漏刻计时的精度，为了更精准地计算时间，后人陆续改良出了三级、四级等精度更高的漏刻。

铜壶滴漏是我国现存最早、最大、最完整的漏刻，从制成之日起，它一直被使用到 1900 年前后，历时将近 700 年。

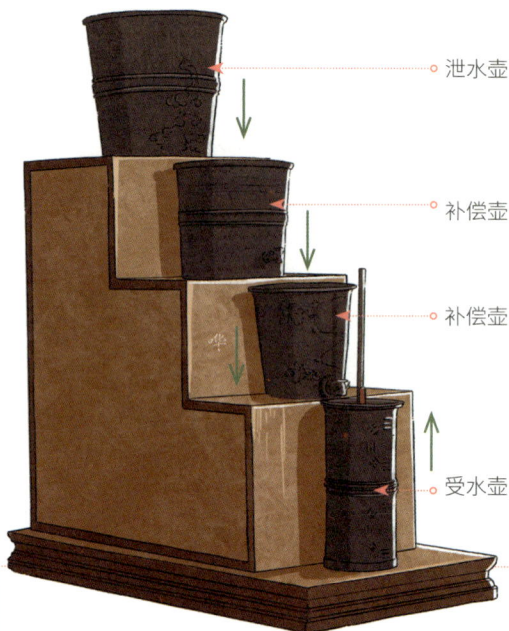

泄水壶

补偿壶

补偿壶

受水壶

这件元代的铜壶滴漏便是三级漏刻，它由 4 个铜壶组成，自上而下分别是日壶、月壶、星壶、受水壶，也被称作日天壶、夜天壶、平水壶、受水壶，它们各自承担着泄水壶、补偿壶、补偿壶和受水壶的"角色"。日、月、星三壶的底部各有一个出水的开关，受水壶壶盖正中立一铜尺，上有时辰刻度，自下而上依次为十二时辰的名称。铜尺前放一木制浮箭（箭杆），箭杆下端是一块木板，称为浮舟（箭舟）。受水壶中的水逐渐增加，浮舟便托起浮箭缓缓上升，通过浮箭的顶端与铜尺上的刻度对照来计时。

知识拓展：

①根据用途划分的中国古代天文仪器，除了正文中叙述的几类，还有用于占星的仪器，感兴趣的读者可以去查一查。

②在古代，去极度和入宿度是表示天体位置的主要数据。天体距北极的度数，称为"去极度"；天体与二十八宿中某个星宿的距星（即每个星宿的标志星）的度数，称为"入宿度"。

③郭守敬是元代卓越的天文学家、数学家、水利工程专家。1970 年，国际天文学联合会将月球上的一座环形山命名为"郭守敬"。1977 年，经国际小行星研究会批准，中国科学院紫金山天文台将它在 1964 年发现的小行星 2012 以郭守敬的名字命名。

④《史记·司马穰苴列传》中记载了春秋时期齐国的司马穰苴通过立圭表和漏刻整治不守时的官员的故事。

⑤铜壶滴漏壶身刻有关于制作年份和人员的文字，由冼运行、杜子盛等铸造于元延祐三年（1316 年）。日壶壶壁铸有圆形太阳图，月壶壶壁铸有月形图，星壶壶壁铸有北斗七星图，受水壶壶壁铸有八卦图，这些图形都跟古代天文思想有密切的关联。

1.3 星图

星图是描画夜空中恒星位置及其组合的图画，也被称为天文图。作为人类早期观测星空的一种反映和记录，星图也是人类用来研究、传播、学习天文知识的重要工具。中国的星图有数千年历史，它们有的是人们对星空的想象，有的则是人们对星空的理性观察和记录，这些星图充满了古人无尽的想象力，蕴含着伟大的智慧的星图既是中国科技史的一部分，也为世界提供了丰富、可信的天文研究史料。

不过，要想了解天上的星图，我们还得先从地下说起⋯⋯

1.3.1 最古老的星图：蚌塑龙虎

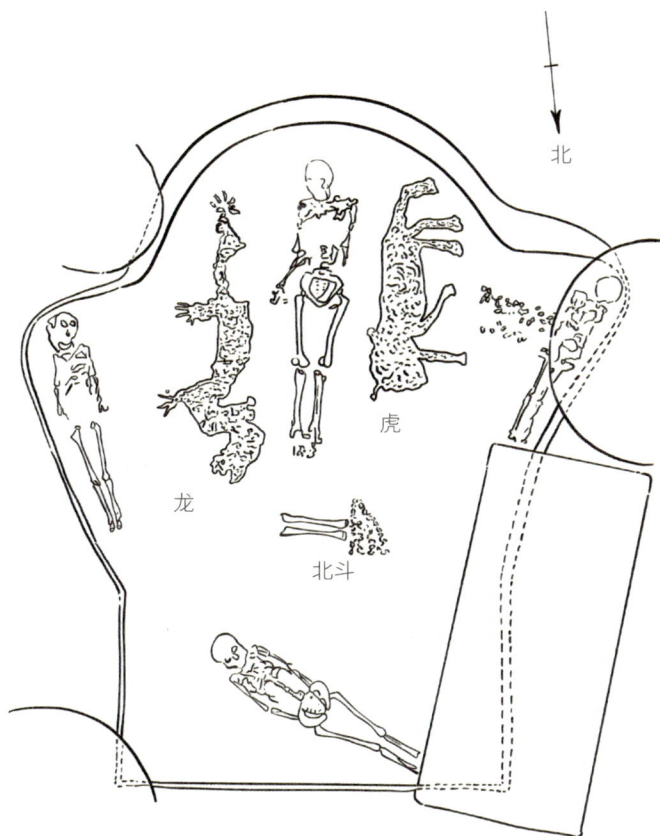

在河南濮阳西水坡的一处距今约 6500 年的墓葬中，考古人员发现了由蚌壳堆塑成形的龙和虎，北侧是胫骨（小腿）和蚌壳组合而成的示意性的北斗。龙、虎、北斗以组合的方式同时出现，与后世诸如龙、虎等星象的描述、记录有很高的契合性。专家综合了该区域其他图像进行研究后推测，这是一幅符合古人对天空的想象的大幅星图，它起到装饰和祭祀的目的。虽然它不是绘制出来的，但是就其表现的形式和内涵来看，的确是已知的中国最古老的星图。

1.3.2 最早的"二十八宿图"：战国"二十八宿"彩漆衣箱

到了春秋战国时期，文献上有了将星空分为三垣二十八宿的记录，一件出土于湖北随州的战国时期的文物上出现了更加系统、全面地描绘二十八宿的星图。

我们可以看到二十八宿的全貌：箱盖表面的中心写着篆书的"斗"字，象征北斗七星。"斗"的周围环绕着二十八宿星名。它们的两侧分别绘有代表东方的青龙和代表西方的白虎，它们是与二十八宿相配的四象中的两象（漆画未绘制代表南方的朱雀和代表北方的玄武）。

衣箱展开图

这是一件彩漆衣箱，它的周身布满了彩绘的图案，其中最精彩的是位于箱盖顶部的"二十八宿图"。

角	亢	氐	房	心	尾	箕	斗	牛	女	虚	危	室	壁
角	坒	压	方	企	方	筅	君	军	芍	矢	䄂	委	委
奎	娄	胃	昴	毕	觜	参	井	鬼	柳	星	张	翼	轸
圭	宲	男	米	㷭	莽	舟	荦	鬼	酉	圭	亥	翼	車

二十八宿的文字对照

咦，星图不是图像吗，这个怎么都是写上去的文字呀？

没错，这幅星图的确是以文字为主的，不过，它同时也结合了龙和虎的图像。这幅星图虽然用于装饰，却是我国迄今为止发现的关于二十八宿全部名称的最早记载，也是二十八宿与四象（只呈现了青龙和白虎）相配的最早记录。

二十八宿是古代以恒星为标志的一种天文坐标体系。中国古代将黄道、赤道附近的星空划分为 28 个大小不等的星区，以便于观测日、月、五星的运行规律。"宿"有住宿的意思，"二十八"这一划分来自恒星月（从地球的视角看，以恒星为背景的月球回归运动），它的周期为 27.32 天，取整数为 28（古代也有一段时间舍去小数，使用二十七宿的说法），古人就将月亮停留的星空划分为 28 个大小不同的"旅店"，供日、月、五星在其中"留宿"。古人将这 28 个"旅店"所在的星空分成 4 个部分，每个部分就是一个"象"，分别代表东、西、南、北，并用 4 只"神兽"的形象来象征，彩漆衣箱上体现的青龙代表的是东方，白虎代表的是西方。

彩漆衣箱的表面信息说明它是前 433 年左右成图的，这不仅说明了我国在战国早期就有了二十八宿体系与北斗配合使用的实践，同时也证明了二十八宿起源于中国。

1.3.3　向科学星图过渡：西汉二十八宿天象图

同样是用于装饰，位于西安的一处西汉晚期的墓葬壁画则用图像的形式表现出了二十八宿，呈现了与彩漆衣箱不同的星图。

这幅星图除了四象，还绘有由 80 多个星点构成的二十八宿，星点之间由线相连，划分成一组组的"星座"，即星官。四象和二十八宿都被配上了象征图像，如用牵牛图代表牛宿、用黑色小蛇代表虚宿、用人捕兔图代表毕宿、用猫头鹰代表觜（zī）宿，等等。

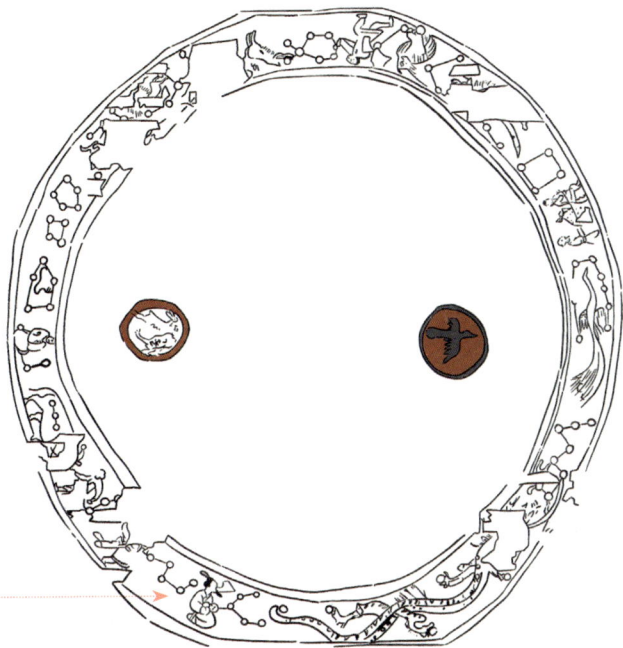

就描画方式来说，中国古代星图大致可以分为示意式星图和写实式星图两大类。

用象征图像反映星象的星图是示意式星图，即用象征性的星座图形及文字对局部天区进行示意或抽象的描绘。用星座图形反映的星图称为形象示意式星图，如蚌塑龙虎。用文字反映的星图称为文字示意式星图，如彩漆衣箱上的"二十八宿图"。示意式星图通常用于装饰，常见于墓葬和建筑中，准确性普遍不高。

另一类反映星空中星星的位置和相对关系的星图称为写实式星图，根据其精确性分为一般写实式星图和科学写实式星图两种。一般写实式星图根据绘者直接或间接目视的结果粗略地确定位置，没有坐标系。科学写实式星图上具有坐标线、圈，根据天文测量所得的恒星或其他天体的坐标，在该图的坐标系统中精确标定位置。

西汉二十八宿天象图具有很强的装饰性，同时，它又呈现了绘者观测到的星宿的位置和相对关系，与后世的写实式星图大体一致，所以它又是以写实为主的星图。此后，中国星图开始由示意式星图向写实式星图过渡，实现了装饰性向科学性的转变，我国的古代天文资料的可靠性越来越高。

1.3.4 最早的纸质星图：唐代敦煌星图（甲本）

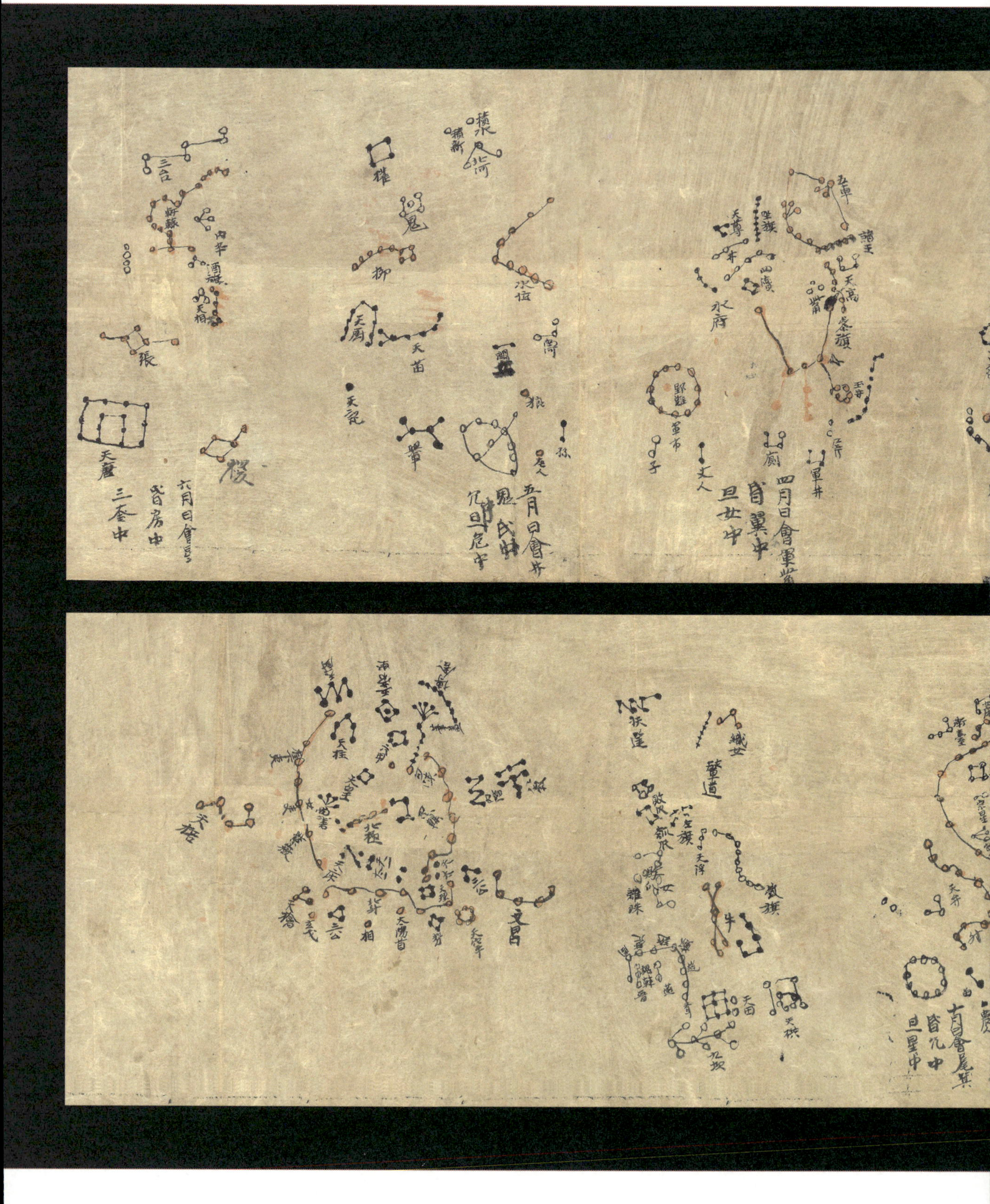

敦煌星图（局部）

唐代的敦煌星图是世界上现存最早的描绘在纸上的星图，是中国流传至今最早的同时采用圆法、横法两种画法的星图。

大家有没有发现，敦煌星图在形式上和前面的圆形星图有所不同？从"版式"上来看，它是像手卷一样摊开，由右向左向人们展示的。原来这与中国古代天球投影的方式不同有关。天球是以地球为中心，以任意长为半径的假想球面，用来标记和度量天体的位置与运动。天球投影就是将天球上的星宿通过一一对应的方式呈现于平面上，以星图的形式表现出来。它们是中国古代天文学的重要组成部分。

中国古代天球投影的表达方式有圆法、横法两种画法，分别用来绘制圆图和横图。敦煌星图就是同时采用了横法和圆法两种画法，并以横图为主的星图。

敦煌星图先是按照每月太阳所在的位置将赤道附近的天区分成了12份，以月为单位进行展示，从右向左画在一张平面图上。每月所属星图的下方、月份之间都标记了关于太阳、星宿的信息。这一部分便是横图。

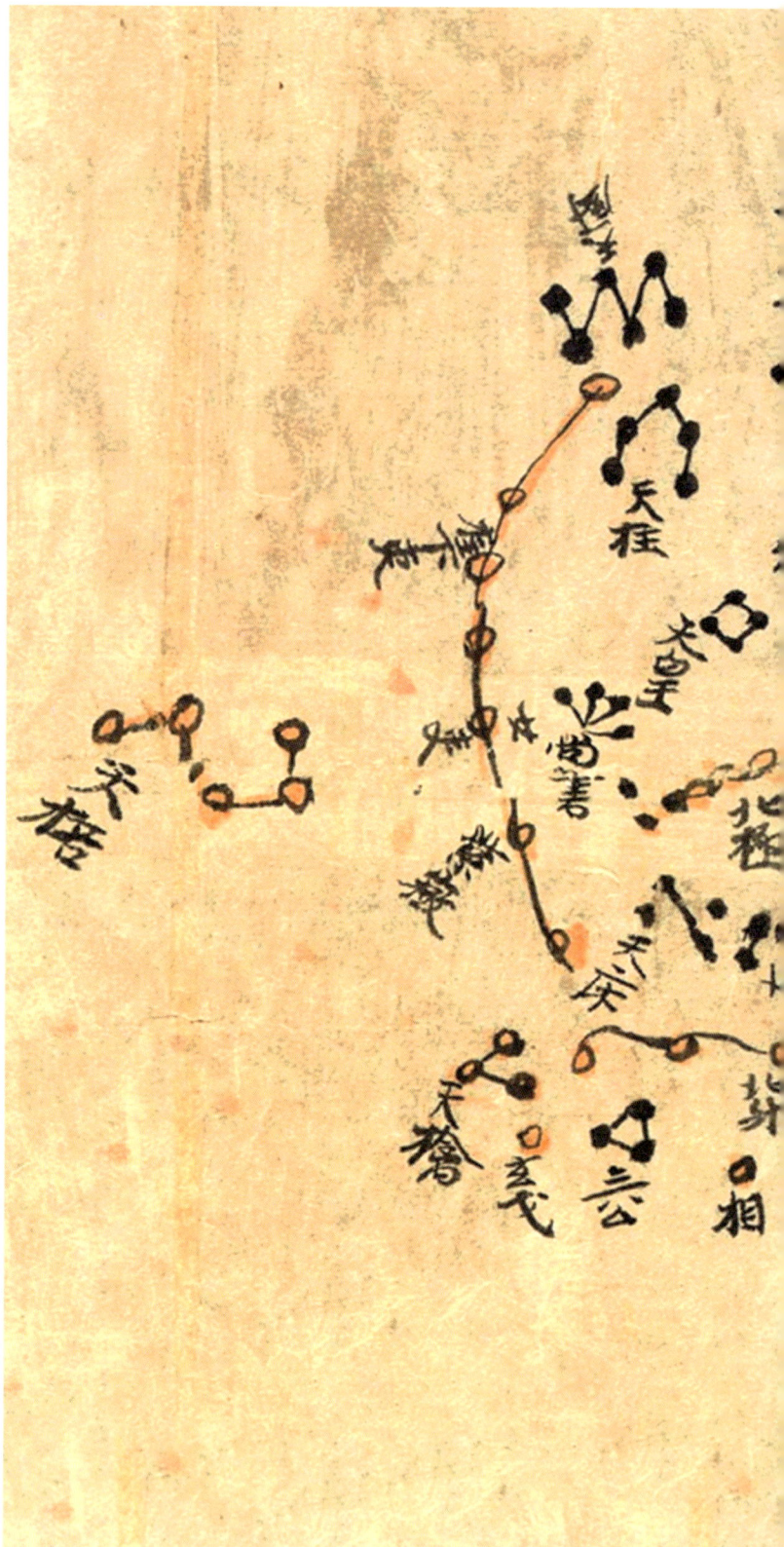

咦，等一下，1 年是 12 个月，敦煌星图怎么会有 13 个部分？

原来多出的这一部分并不是赤道天区的星图，而是描绘了围绕在北极星附近的一片名为"紫微垣"的星群的星图，这部分星图采用了不同于横法的圆法。

敦煌星图综合了两种画法，这是一种十分科学的创造。横图采用的横法与后来西方采用的墨卡托（Mercator）圆柱投影法有着惊人的相似。

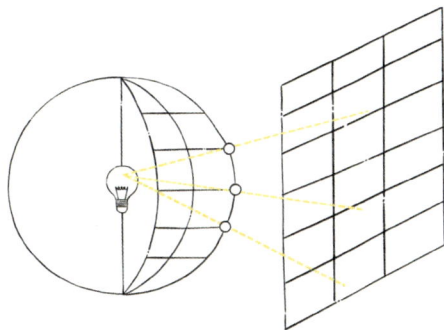

墨卡托圆柱投影法示意图

墨卡托圆柱投影法由荷兰数学家墨卡托在 1569 年提出，是一种正轴等角圆柱投影。我们假设为地球套了一个圆柱，它相切于赤道这个大圆，将这个圆柱面展开为一个长方形的平面。在一定条件下，人们将地球（天球）的信息投影于这个平面上。投影的图上无角度变形，但是随着纬度的增加，纬线间距迅速变大，高纬度地区的投影变形极大。为了客观描绘北极地区的星象，敦煌星图以北极星为中心，采用圆法将高纬度地区观测到的星象绘制到圆图中。

敦煌星图采用圆圈、黑点和圆圈涂黄的方式绘出由肉眼可观测到的 1359（一说为 1339）颗星，成为世界上现存星数量最多的、最早的星图之一。

1.3.5 世界上最古老的实测圆形全天 天文图：宋代苏州石刻天文图

苏州石刻天文图上记录的是北宋元丰年间（1078年—1085年）的观测结果，由黄裳于南宋绍熙元年（1190年）成图，由王致远于南宋淳祐七年（1247年）刻制而成。苏州石刻天文图上部是采用圆法记录的星图，反映了观测者的观测结果，下部刻着详细说明，起到了图文对照的作用。

苏州石刻天文图以北天极为圆心，刻画出3个同心圆：外圆记录了赤道以南约55°以内的恒星。中圆是天赤道，直径为52.5厘米，中心的小圆直径为19.9厘米，其中是永不下落的常见星。与赤道斜交的圆是黄道，两者的交角约为24°（与黄赤交角接近）。

以北天极所在的"圆"为中心，按二十八宿距星之间的距离引出宽窄不同的经线，间隔不等的放射状经线划开的区域就是二十八宿的各自范围，每条经线的端点处注明了二十八宿各自占用的宿度。

全图共有星1440余颗星，它们分布在二十八宿中，图中还有清晰可见的银河。苏州石刻天文图是中国迄今为止发现的最早的、比较完整的用圆法绘制的石刻星图。

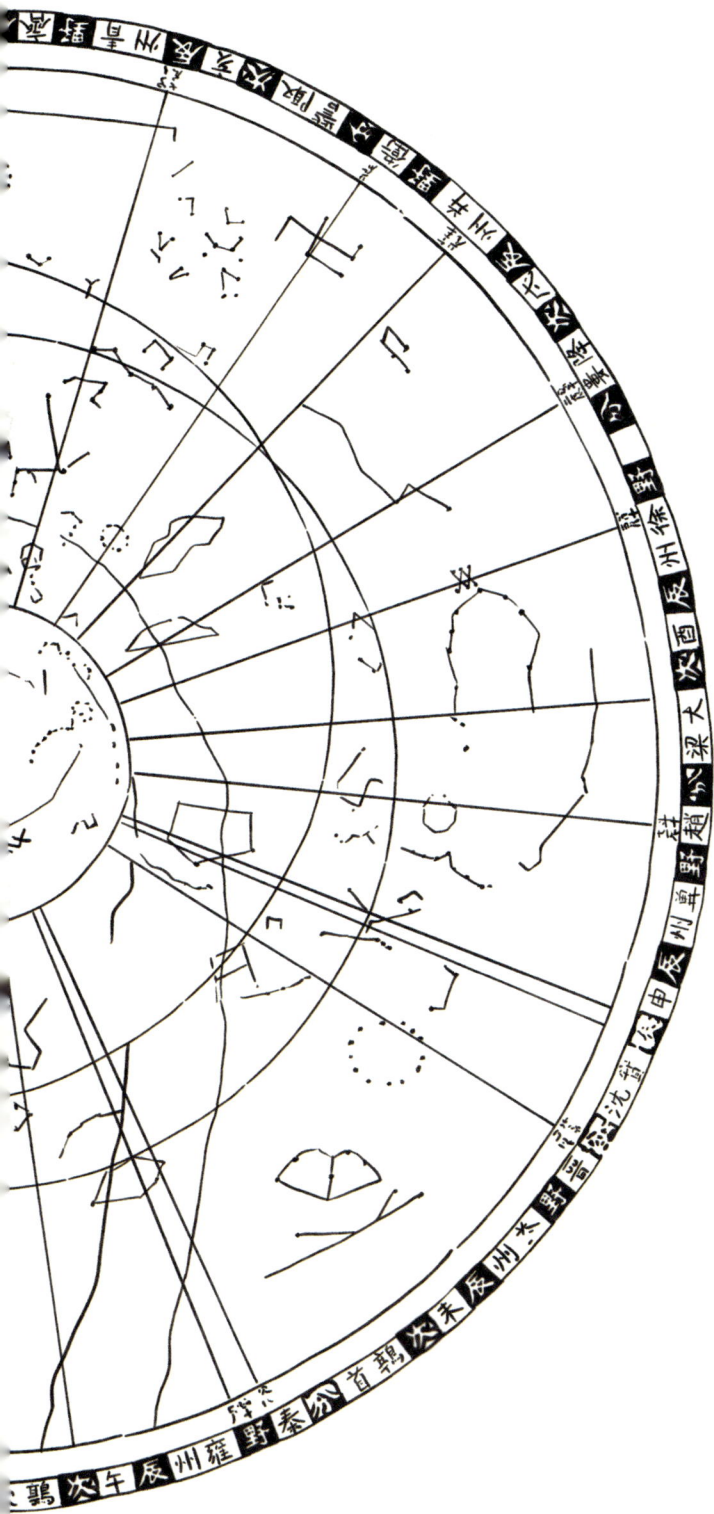

圆形星图的下方有丰富的文字介绍，内容涵盖了宇宙论、天体、地体、南北极、赤道、太阳、黄道、月球、白道、恒星、行星、银河、二十四节气等天文学知识。囿于篇幅，这里简述几点。

- "天左旋""地右转"——以物理学运动的相对原理解释了地球的自转运动，即地球是自西向东运动的。
- 地球自转围绕着一个假想的"枢"，即地轴，它和赤道平面是垂直的。
- 宋代天文学家已经认识到了赤道是环绕地球表面的距离南北两极相等的圆周线，赤道附近具有昼夜相等、季节变化不大、温差较小等自然现象。
- 宋代科学家通过圭表测定出 1 年的时间为 365.25 日。
- 苏州石刻天文图记载了太阳黑子的形态、大小、位置及变化情况。
- 苏州石刻天文图中有对二十四节气的详细描述，由此可知，中国古代的天文观测与物候、农时、节令等存在紧密联系，这反映了古代封建王朝支持天文学的发展与满足农事活动的社会需要密切相关。

1.3.6 东西融合：黄道十二宫彩绘星图

这幅星图来自河北宣化的辽墓，星图正中的圆是一面嵌在砖上的铜镜，外绘两重九瓣的莲花。

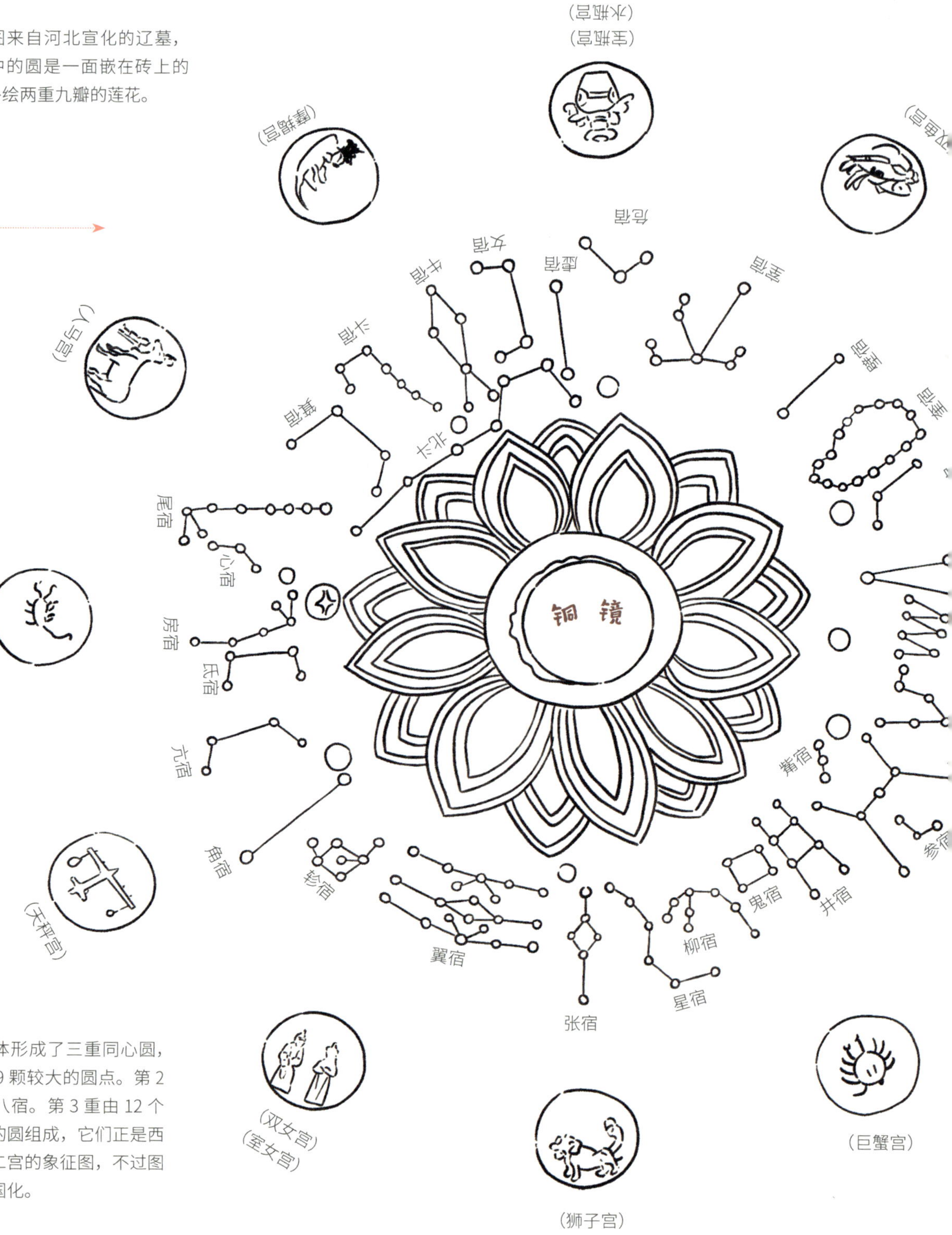

（水瓶宫）
（宝瓶宫）
（摩羯宫）
（双鱼宫）
危宿
女宿
虚宿
牛宿
室宿
斗宿
壁宿
奎宿
箕宿
（人马宫）
尾宿
心宿
房宿
氐宿
（天蝎宫）
铜镜
亢宿
角宿
轸宿
翼宿
张宿
星宿
柳宿
鬼宿
井宿
觜宿
参宿
（天秤宫）
（双女宫）
（室女宫）
（狮子宫）
（巨蟹宫）

莲花外大体形成了三重同心圆，第 1 重有 9 颗较大的圆点。第 2 重为二十八宿。第 3 重由 12 个带有图像的圆组成，它们正是西方黄道十二宫的象征图，不过图像均已中国化。

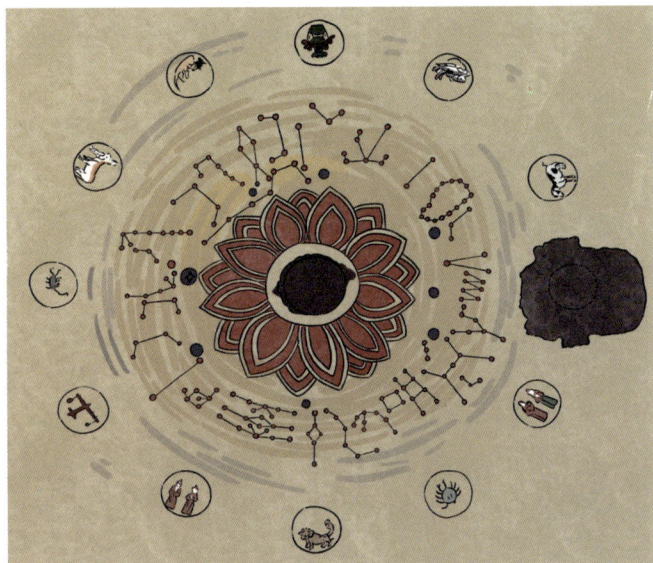

第 3 重是已经中国化的西方黄道十二宫的象征图，除了风格上的改变，一些形象也发生了变化。例如，人首马身弯弓射箭的人马改为持鞭人牵着马，羊首鱼身的摩羯改为龙首鱼身带翅兽，双子宫变成了一男一女的形象。

与古代西方不同，古代中国在对天空的划分与命名上有自身的一套理论系统。星座对应了中国传统文化中的"星官"，这是因为中国古代天文中的很多内容与帝王、百官、百姓的生活有关。东汉张衡在描述古代星官时就认为，"在野象物，在朝象官，在人象事"，所以中国的星座大多以器物、官名、人和事命名，有着中国独特的文化内涵。

黄道十二宫彩绘星图中同时出现了中国的二十八宿和西方的黄道十二宫，它是典型的东西方文化交流的产物。想不到"研究"星座这件事，900 多年前的古人会这么兼收并蓄。

那么，这幅星图是示意式星图呢？还是写实式星图呢？或者你有其他的答案吗？

知识拓展：
①古人认为天、地、人有着千丝万缕的联系，不可分割。包括古星图在内的诸多天文思想都根源于此，天文往往也和政治、宗教、占卜等关联。
②"垣"的意思是城墙，三垣寓意"天上的三座城池"。紫微垣是以北极星为中心，以围绕在其附近的一片恒星为基础而构成的星群，这片天区被认为是"天上皇宫"，那颗看上去不随天球旋转而转动的北极星被认为是天帝的象征。
③1907 年，原本藏于敦煌莫高窟藏经洞的敦煌星图被斯坦因盗卖到了英国。

1.4 历法

可能很多人不会想到，平时查看日历这种小事可是有"天"大的关系的。

想必你一定听过"北京时间"这个词，北京时间让跨越多个时区的中国有了统一的时间标准。这个"时间"来自一个叫"中国科学院国家授时中心"的科学机构，它为国家提供了可靠的高精度授时服务，有了它，那些需要高精度时间同步的通信、电力、金融系统都可以有效运行。因此，获取"北京时间"的工作对于国家经济、社会安全至关重要。

授时工作古已有之，说它是伴随着文明社会的进步一路发展而来的也不为过。《尚书·尧典》中记载"乃命羲和，钦若昊天，历象日月星辰，敬授人时"，大意就是古人会观测日、月、星辰的位置变化来确定时间，以告知人们当年要做的事。在农耕社会，最重要的自然就是确定并遵循农时来春种秋收，这就是"观象授时"。

北京观象台紫微殿的匾额

有了时间的概念，就需要认识并掌握它的规律，进而形成一个基本的秩序和有依据的标准来满足人们在社会生活中的需求，比如记录重大事件，安排生产与生活，与其他部落、国家的人约定日程等，于是人们创建了历法。我们可以将历法理解为根据一定的规则建立并组合年、月、日之间的相互关系，确定它们之间换算的方法。

1.4.1 历法的起源

起初，人们是通过观察自然变化来决定和判断时间、季节的，比如候鸟的迁徙、昆虫初鸣、植物枯荣、气象变化，这就是物候历。

鸿雁来

虹始见

獭祭鱼

随着古人对世界的观察越来越深入、科学，历法家将目光投向了天上，通过观察宇宙中天体的变化制定历法。随着科学观星的发展，历法也进入了科学制定的推步阶段，推步历便是依据日月星辰等的运行规律，通过精细的计算与推算制定的历法。

观察天象，最早是通过太阳的出没和月亮的盈亏开始的。通过观星制定的历法由此大体分为 3 类：阳历、阴历、阴阳合历。阳历是观测太阳周期变化得出的历法，也称为太阳历；阴历是观测月亮周期变化得出的历法，也称为太阴历；阴阳合历则是兼顾太阳、月亮和地球运行关系的历法。

我们现在常说的阳历，也就是公历，是现行国际通用的纪年法，以地球绕太阳公转一周的时间为 1 年，即回归年，时长约为 365.2425 日，再人为规定年的月数和每月的天数。

阴历以月球绕地球公转一周的时间为 1 个月（约 29.5306 日），即朔望月，再人为地规定 12 个月为 1 年，时长约为 354.3672 日。

十五
（望）

地球

初一
（朔）

太阳

阴阳合历以朔望月作为月的单位，以回归年作为年的单位，再通过历法家的调和，使朔望月与回归年相适应。

那么中国传统历法是哪一种呢？

1.4.2　中国传统历法

大家都听过阳历和阴历，但是阴阳合历听上去可是有点儿陌生呢！

不过，要是说起农历，我想很多人一定听说过。不过农历到底是什么，就得好好讲一讲了。农历是中国传统历法，其实就是一种阴阳合历。它以月球运行周期纪月，历月的日期反映着不同月相。每个月的开始叫作"朔"，这一天看不到月亮；每月十五这一天是满月，叫作"望"；到了月底，月亮再次消失不见的那一天叫作"晦"。这样一个周期便是 1 个月，12 个月称为 1 年，月分大小，六大六小，其中大月 30 日，小月 29 日。

同时，农历可以客观反映季节变化，这来自古人对太阳直射点的观测，如前文所述，周代已经能立表定向、推定节气了。战国及西汉时期，形成了基于太阳位置测算结果来反映季节变化的二十四节气，二十四节气就是中国的太阳历。从汉代开始，历法家规定每个朔望月都要包含一个节气和一个中气，节气在月初，中气在月中。

二十四节气就像给 1 年刻出了时间刻度，以冬至为起点到下一个冬至为一个周期（回归年），均分为 12 段，为十二中气（右上图红色文字部分）；再把每两个中气的时间等分，划分出 12 段，为十二节气（右上图蓝色文字部分），每个节气或中气平均 15 天多一点。到了清代，十二中气和十二节气被统称为二十四节气。

二十四节气可以分为 3 类，第 1 类反映季节变化，如立春、春分、立夏、夏至、立秋、秋分、立冬、冬至。第 2 类反映气候特征，如雨水、谷雨、小暑、大暑、处暑、白露、寒露、霜降、小雪、大雪、小寒、大寒。第 3 类反映物候现象，如惊蛰、清明、小满、芒种。二十四节气可以反映古代中原地区的气候特征和农业生产特点，直到今天，它仍是指导人们生产劳作的重要参考。

除此之外，二十四节气还可以起到置闰的作用。闰的本义是余数，指历法纪年和地球绕太阳公转一周运行时间的差数，多余的就是"闰"。阳历 1 年（古代称岁）是 365.2425 日，阴历 1 年是 354.3672 日，在历法中如何安排小数点后的天数？如何使阴历与阳历的时间相适应？这就需要置闰来消除日积月累产生的

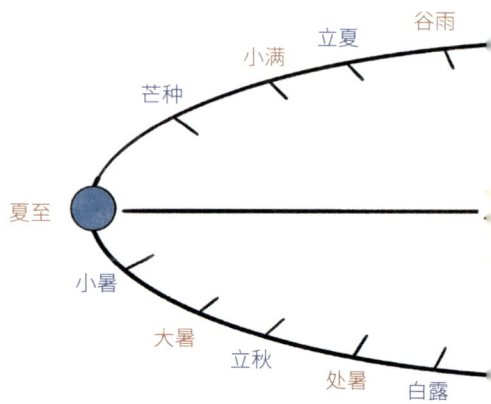

芒种　小满　立夏　谷雨

夏至

小暑

大暑　立秋　处暑　白露

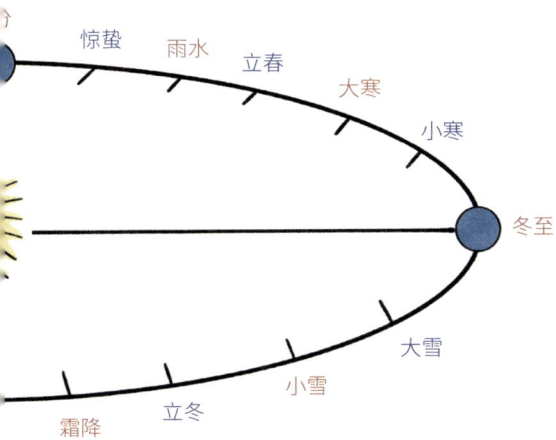

时间误差，以确保季节和月份相吻合。据《史记》记载，我国从黄帝时期便开始置闰了。《周礼》中也提到过"太史掌正岁年以序事"，就是要通过置闰来平衡年岁之间的误差，从而实现适时地安排生产劳作的目的。

从汉代开始，古人总结出 19 年 7 闰的置闰方法，即在 19 年里加进 7 个闰月。这 19 年里有 7 个闰年，也就是 7 个闰年各有 13 个朔望月。

我们来计算一下：

19 个回归年的天数：$19 \times 365.2425 \approx 6939.61$

19 年 7 闰的天数：$(19 \times 12+7) \times 29.5306 \approx 6939.69$

看，是不是基本持平了？这样置闰，在经历过 1280 多个回归年后才会有约 10 日的误差，这样的精确程度对于农业耕作来说够用了。

闰月如何设置，这就跟二十四节气有关了。根据文献记载，从汉武帝时期开始，闰月设置在没有中气的月份。直到现在，我们仍采用这个原则置闰。

19 个回归年中会有 228 个节气和 228 个中气，而 19 个农历年中则有 235 个朔望月。228 个节气和 228 个中气要安排进 235 个朔望月中，这意味着有 7 个朔望月中没有中气，为了满足每个朔望月都有节气和中气的规则，就要把没有中气的月置闰，相当于再过一次，有闰月的这一年便是闰年，有 13 个月，共 383 日或 384 日。这种置闰方式一直从汉代延续到明代。

农历如今仍是我国正式的历法之一，它是由中国人几千年来天文观测、精确推算出来的，承载着中华民族的共同记忆和文化基因。农历反映的季节、农时、潮汐等使得它在日常生活、农耕渔猎、防汛、防洪等方面具备极高的参考价值，它记录的民俗和节日传承着民族文化、维系着民族的情感。想不到翻看日历这样的小事，背后的科学和文化竟如此丰富，日月星辰在变换，不变的是中国人对星空的热爱和对科学的追求。

知识拓展：

①北京时间并不是出自北京，而是出自西安，感兴趣的读者可以去查阅一下哦。

②《逸周书》《淮南子》都对二十四节气有完整的记录，到了汉代，《太初历》正式把二十四节气加进历法之中，并采用了无中气置闰方式。

③为什么会没有中气？节气通常在月初，中气在月中，两个中气之间平均间隔为 30.44 日左右，每个朔望月为 29.5306 日。在日积月累之后，总会有 1 个中气跨越 1 个朔望月"逃掉"，那就只能再让你过 1 个月啦，毕竟历法家说了，每个朔望月都要有中气哦。

④现行的二十四节气是依据太阳在回归黄道上的位置制定的，视太阳从黄经 0°向东出发，每前进 15°为 1 个节气，每个节气之间度数均等，时间不均等。运行 1 周即 360°为 1 个回归年，正是 24 个节气。

第 2 章

九州风华：地理学

图／解／中／国／古／代／自／然／科／学

2.1　山川草木人间风物：发达的区域地理学

"仰以观于天文，俯以察于地理。"

——《周易》

　　了解山川地形，可以选择合适的地方营建城市。了解气候、土壤、物产特性，可以种植适宜的作物，利用周围的自然资源从事生产、贸易。了解山脉、水系、道路、城池的位置，可以方便旅行，甚至指挥作战……总之，人类生活中的一切活动几乎都与地理密不可分。中国古代的地理学从古人认识和利用周围的环境开始发展，并随着古人对自然环境的探索和社会科技的进步而不断发展，有着极其光辉的成就。

　　地理学博大精深，有许多分支，在我国古代，掌握各地的地理信息和特征对于国计民生而言有极其重要的意义，因此区域地理学成为一个十分发达的分支。新石器时代的聚落营建体现了人们的早期地理认知。随着地理知识的积累，先秦时期诞生了地理典籍《山经》《禹贡》，此后历朝历代均会编修将地理知识运用于国家管理的地理总志和地方志。这些典籍都是区域地理学著作的杰出代表，蕴藏着丰富的自然地理与人文地理知识。

新石器时代的聚落示意图

　　新石器时代的聚落多分布在河流缓冲区域内的台地上，这既便于取水，又与河流保持一定距离，可以防范洪涝灾害。有的聚落还设置了大型的环壕，可以防御猛兽。这表明当时的人们已经懂得因地制宜，不仅能够合理利用环境，而且能够通过人工修建建筑、养殖家畜、种植作物等行为改变天然的地理环境，形成新的人文地理景观。

商周时期的甲骨文是一种象形文字，来源于原始时期的简易图画。例如，甲骨文中的"山""川""草""木"正是抽象化了的自然界中山、川、草、木的形态，展现了古人对日常生活中各种地理实物的观察和认知。

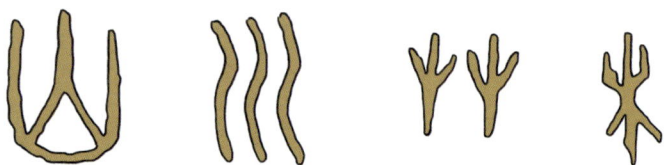
商周时期甲骨文中的"山""川""草""木"

2.1.1 《山海经》

《山海经》是一本神奇的书籍，全书仅有 3 万余字，却包含了历史、地理、神话、物产、医学等众多内容，其中既有真实的记录，也有天马行空的想象，让读者在奇异的远古世界中流连忘返。

《山海经》中的奇珍异兽

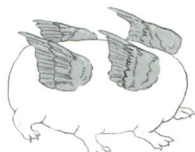
帝江
来自《西山经》

孟极
来自《北山经》

狂鸟
来自《大荒西经》

九尾狐
来自《海外东经》

《山海经》

《山经》5 卷

《海经》13 卷

《北山经》
《西山经》
《中山经》
《东山经》
《南山经》

《海外经》
主要记载四海之外的国家和地区

《海外东经》
《海外西经》
《海外南经》
《海外北经》

《海内经》
主要记载海内和沿海边远地区

《海内东经》
《海内西经》
《海内南经》
《海内北经》

《大荒经》
记载了一个四面环海的辽阔地域

《大荒东经》
《大荒西经》
《大荒南经》
《大荒北经》
《海内经》

又称《五藏山经》，按照山脉和区域来依次叙述当时的山脉和物产，涉及的地理范围东南至会稽，西南至邛崃（qióng lái），西北至天山，东至泰山，北似乎可到内蒙古高原或西伯利亚地区。

按照方位按部就班地叙述、罗列了各地的风物。

内容比较错杂凌乱，很可能是对一幅古老的地图的描述，其中包括自然地理要素、天文星象、神话故事等内容。

《山海经》是志怪书？神话书？不，它实际上是一部早期地理典籍。

虽然我们很容易被《山海经》中的奇珍异兽吸引，但是不可忽视的是，《山海经》也条分缕析地记录了许多朴素的地理知识，如动植物、矿产等，展现了先民的地理认识和观念，在我国地理学发展史上有着重要的价值。

研究发现，《山经》与《海经》两部经书本身可能是分开的，其中《山经》可能成书于先秦时期，而《海经》则可能成书于汉代。《山经》以河洛地区为中心，越靠近中心的地区，记录得越准确、真实，可能是历代巫人或术士等根据原始的勘探、旅行记录编写的，离中心越远的地区，记录得越模糊，有更鲜明的神话和想象色彩。

2.1.2 《禹贡》

"大禹治水"是中国的上古神话传说，当时，中原地区黄河泛滥，人们流离失所。禹走遍各地，通过挖山掘石、疏通水道的方法治理洪水，历时13年终于平息了水患。《禹贡》记载的就是当时大禹在各地疏导河水的过程。

《禹贡》全篇仅有约1200字，分为"九州""导山""导水""五服"4个部分，以大禹治水为线索，依据山、河、湖、海等自然条件将各地分为冀州、兖州、青州、徐州、扬州、荆州、豫州、梁州、雍州等九州，并分区系统地叙述了行政区划、疆域轮廓、农业、物产、贡赋、山脉、河流、土壤、田地、道路等内容。

《禹贡》描述的地理区域的范围比《山经》更广，语言简洁明晰，地理概念准确，是我国古代文献中第一部具有系统地理观念的著作，在世界上也是极古老的区域地理著作。

《禹贡》划分的九州示意图

2.1.3 《汉书·地理志》

《汉书·地理志》是东汉史学家班固所著的《汉书》中的一篇，是我国正史中最早以"地理"命名的地理学著作。

《汉书·地理志》以疆域政区为框架，分区记载了自然地理与人文地理现象，尤其重视政区沿革的记录，这种编写方式将人们对地理空间的认知应用于当时的社会行政管理，深深地影响了后世的地理志的编写，是中国沿革地理学的开山之作。

郡守办公手册士人旅行指南、简明百科全书，班固荣誉出品

《汉书·地理志》

2.2 未知的旅行：实地考察拓宽地理视野

历史上总是不乏具备勇气与好奇心的旅行家和探险家。他们或是为了实现官方分配的任务，或是为了实现个人理想，通过多年的游历、细致的考察、翔实的记录，不断拓宽着世人的地理视野，丰富了世人的地理知识，为我国古代地理的发展做出了宝贵的贡献。

2.2.1 张骞·凿空西域

张骞（qiān）出使西域前，汉朝面临着匈奴的威胁，西域天山南麓的国家也或多或少地受制于匈奴。为了沟通汉朝与西域诸国，打破匈奴对西域的控制，汉武帝派遣张骞出使西域，联络游牧部族大月氏（zhī，大月氏生活在今阿富汗一带）以夹击匈奴。

大汉、匈奴、西域诸国相对位置示意图

张骞

（约前 164 年—前 114 年）

汉中郡城固（今陕西汉中城固县）人，西汉外交家、旅行家、探险家。

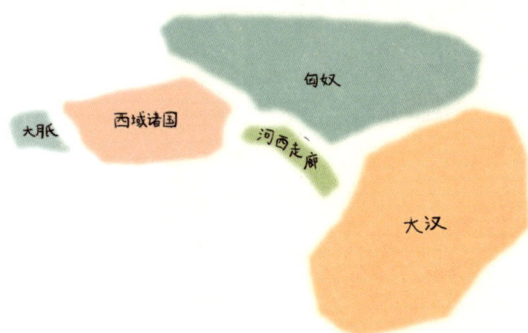

张骞出使西域大事记

前 138 年

第一次出使西域
张骞率领 100 多名随行人员出使西域，至河西走廊被匈奴俘虏，在匈奴留居 10 年。

约前 129 年

到达大月氏
张骞与随从出逃，继续西行，穿越了沙漠、戈壁、高原、雪山，经大宛、康居，终于到达大月氏蓝氏城，但大月氏已无意与匈奴开战。

前 128 年

返程再次被俘
张骞返程归汉，在今青海地区又被匈奴俘虏。

前 126 年

回到长安
张骞趁匈奴内乱逃回长安，并向汉武帝详细报告了西域各国的情况。100 余人的队伍此时只剩下他和向导两人。

河西走廊上的祁连山脉

玉门关遗址

阳关遗址

塔克拉玛干沙漠

（帕米尔高原）

张骞出使西域路线图

→ 张骞第一次通西域往返路线
→ 张骞第二次通西域往返路线

前 119 年

二次出使西域

骞率 300 多名随从，携带大
金币、丝帛等财物，牛羊万
，第二次出使西域。游说乌
，广泛访问中亚各国，宣扬
威，增进彼此间的了解。

前 115 年

再次回到长安

此后，汉朝与西域、中
亚乃至西亚诸国的政
治、经济、文化交流日
益频繁和密切。

张骞两次出使西域都没有完成原来的任务，但是他们
从西域和中亚带回了葡萄、苜蓿（mù xu）、芫荽（yán
sui）、大蒜、芝麻、黄瓜、石榴、汗血宝马等物产，
不虚此行。

张骞出使西域，虽然没有完成原本的军事目标，却
产生了更深远的历史影响，也有着重要的地理意义。这
不仅是一场充满艰难险阻的外交活动，也是我国历史上
有确切记录的最早的大规模地理探险旅行活动。张骞之
行使当时汉朝人对大汉以西的地理认识从河湟地区扩展
到西域乃至地中海东岸。张骞开辟的由长安经河西走廊、
新疆至中亚、西亚乃至地中海地区的陆上"丝绸之路"，
也成为东西方的贸易之路和文明交汇之路。

2.2.2　司马迁·壮游南北

司马迁不仅是一位伟大的历史学家，也是一位杰出的地理学家。

据史料记载，司马迁至少进行了5次较大规模的旅行考察。

司马迁

（约前145年—前86年）夏阳（今陕西韩城）人，西汉史学家、文学家、思想家。

"余尚西至空桐，北过涿鹿，东渐于海，南浮于江淮矣。"可惜他没能像博望侯张骞一样走出汉朝疆域，否则《史记》还能再写几卷！

第1次：20岁，在父亲司马谈的支持下走访名山大川。
第2次：34岁，随汉武帝出巡西北地区，最远到达空桐（今甘肃平凉崆峒山）。
第3次：35岁，奉命出使西南地区，最远到达昆明。
第4次：37岁，随汉武帝出巡，考察黄河，最远到达山东半岛。
第5次：53岁，随汉武帝出巡，向东到达泰山，向西到达雍地（今陕西凤翔一带）。

不仅是一位伟大的历史学家，还是一位杰出的地理学家。

司马迁在青年时期就开始了游历，至53岁时足迹遍及汉朝的大江南北。他每到一个地方，会寻幽探古、考察风俗、采集传说，从而积累了相当丰富的原始素材。司马迁的父亲司马谈是一名史官，博学多闻，曾立志撰写一部通史。司马迁任太史令后，子承父业，最终撰写了中国历史上第一部纪传体通史——《史记》。

《史记》中有许多内容是司马迁亲身考察各地后得到的所见所闻，有着浓重的地理色彩，许多篇章也有重要的地理价值。

● 《史记》之中有什么？

　　1）地理知识百科

在《货殖列传》《平准书》《河渠书》《天官书》《大宛列传》《匈奴列传》《南越列传》《东越列传》《朝鲜列传》等篇章中，有许多关于自然地理的记载，涉及地形地貌、气候、水文、土壤、植物、矿产等知识。

　　2）地理区划意识

司马迁在《货殖列传》中将汉朝疆域分为四大经济区：山西、山东、江南、龙门碣石以北，记录了各大经济区的自然资源、城市、人口、交通等自然与人文地理信息。《货殖列传》被认为是中国古典经济地理学的开山之作。

2.2.3　郦道元·问道江河

郦道元出生于仕宦之家，少年时就对地理书籍和名山大川产生了浓厚的兴趣，常随父亲四处游历，后来辗转多地做了许多年的地方官。他的足迹遍及今天的河北、河南、山东、安徽、江苏、内蒙古等地。郦道元尤其重视记录地理知识，在各地细心勘察水流与地势，用心收集史地资料，最后以《水经》为蓝本，以作注的形式撰写了多达 40 卷的地理巨著——《水经注》。

据传《水经》是三国时期一本关于河流的地理书籍，但论述十分简略。郦道元引用了大量的文献、地图、方志、歌谣、谚语，并结合野外考察成果，对《水经》进行注释和扩充，以翔实的记录和清丽的文辞写就了被誉为"宇宙未有之奇书"的《水经注》。其涉及的地理范围大致以汉、魏、南北朝疆域为主，还包括南亚的印度河和恒河流域、中南半岛、朝鲜半岛等地区。

《水经注》共 40 卷，全文是《水经》的 20 余倍，涉及的河流大约是《水经》的 10 倍。

《水经注》以河流为线索，详细记录了 1000 多条河流及与之相关的水文、地理、地貌、植被、城邑、风俗等。《水经注》是一部包括了自然地理、人文地理、历史沿革地理的综合性地理著作，对我国的地理学发展有着深刻的影响。

郦（lì）道元
（约 470 年－527 年）
范阳涿县（今河北涿州）人，北魏地理学家、文学家、政治家、教育家。

2.2.4　玄奘·西行求法

隋末时玄奘在洛阳出家，后到长安（今陕西西安）、汉川（今陕西汉中）、成都、荆州（今湖北江陵）、扬州、相州（今河南安阳）、赵州（今河北石家庄赵县）等地遍访名寺高僧，求法问学，逐渐成长为学识渊博、誉满中原的僧人。但是由于当时佛教派别众多，理论纷争不断，玄奘决心到佛教的发源地天竺（位于今南亚地区）探寻佛法真谛。

玄奘（zàng）
（600 年－664 年）
（一说生于 602 年）
唐代旅行家、高僧，俗姓陈，洛州缑（gōu）氏（今河南偃师缑氏镇）人。

贞观三年（629年），玄奘从长安出发，一路西行，涉险穿越了沙漠与雪山，历经"九九八十一难"，终于到达天竺。在天竺期间，玄奘苦心学法，获得了极高的佛学成就和声誉，也游遍了天竺等110多个大小国家。贞观十九年（645年），玄奘带着大量佛经回到长安，开始翻译佛经，并将他西行的所见所闻撰写成了《大唐西域记》。

玄奘曾在高昌国停留40余日，受到高昌王麴（qū）文泰及王室虔诚的礼拜和供奉。麴文泰想强行挽留，但玄奘以绝食抵抗。最后麴文泰与玄奘结拜，并为他提供了侍从和充足的物资。

玄奘取经会经过许多险峻、恶劣的地理环境，有时候还会遇到盗贼与野兽，但他凭借着坚强的信念，最终克服重重艰险，到达了天竺。

玄奘于贞观五年（631年）到达当时的佛教中心那烂陀寺，师从戒贤法师，听讲经书。

《大唐西域记》卷十一中记载的阿折罗伽蓝石窟可能就是阿旃陀（zhān tuó）石窟，该石窟始凿于前2世纪，延续到7世纪中叶，以壁画艺术著称于世。

玄奘回到长安后，在大慈恩寺专门从事译经工作。永徽三年（652年），玄奘为供奉从天竺带回的佛像、舍利和梵文经典，在长安慈恩寺的西塔院建造了一座五层砖塔，这座砖塔就是大雁塔的前身。

玄奘以惊人的决心和毅力，历时约

四夜五日，
无一滴沾喉，
口腹干焦。

满山冰雪，
千年不化，
凝云飞雪，
曾不暂霁（jì）。

波斯

那烂陀寺遗址

阿旃陀石窟

→ 玄奘西行求法（去）
→ 玄奘西行求法（回）

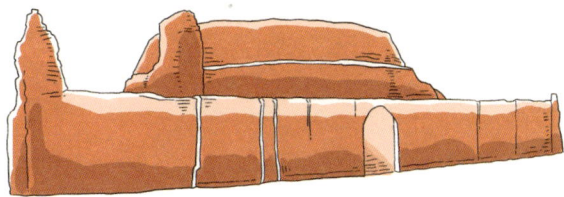

高昌古城遗址

大雁塔

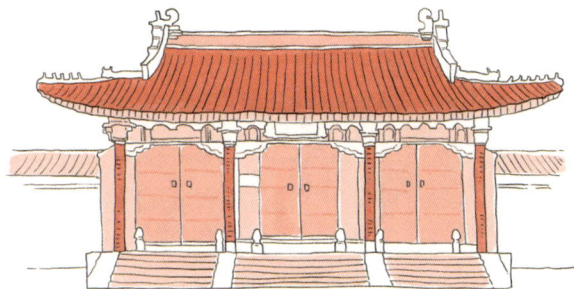

玄奘西行路线图

慈恩寺

17 年完成了西行求法之旅。其著作《大唐西域记》记录了玄奘亲身到过和听闻的 200 多个国家、城邦与地区的山川、道路、风俗、物候、宗教等情况，涉及地域广阔，文字流畅简洁，是研究南亚、中亚一带古代历史地理的重要文献，在世界地理学史上有重要地位。

2.2.5　沈括·博学天才

沈括以博学著称，在数学、物理、化学、天文、地理等众多领域有很深的造诣和卓越的成就，被英国科学家李约瑟誉为"中国整部科学史中最卓越的人物"。其代表作《梦溪笔谈》集前代科学成就的大成，在世界文化史上有着重要的地位，被称为"中国科学史上的里程碑"。

目睹其验，始著于篇。

见微知著，旷古空前。

沈括善于通过观察、分析、总结和实验来认识自然现象与规律，对许多自然地理现象进行了科学观察和正确解释，对中国古代地理学有着卓越的贡献。

发现磁偏角

地磁的南北极与地理上的南北极并不完全重合，指南针指向的正南与我们定义的"正南"实际上存在夹角，即磁偏角。沈括通过实验验证了磁针"……则能指南，然常微偏东"，他是世界上最早发现地磁子午线与地理子午线有磁偏角的科学家。

沉积作用

沈括根据太行山岩石中的螺蚌化石和沉积物，推断华北平原过去曾是海滨。他还解释华北平原是由黄河、滹沱（hū tuó）河、涿水、桑乾河（今桑干河）等冲积形成的，这是有关冲积平原的最早的科学解释。

流水侵蚀

沈括在浙江雁荡山看到许多山峰的顶部处于同一平面，推断雁荡山是在流水侵蚀作用下形成的：流水将疏松、破碎的岩石、土壤等冲走，留下坚硬、固结而陡峭的部分形成山峰。他还以黄土高原为例，进一步阐明了流水的侵蚀、沉积原理，这比英国的杰姆斯·赫顿早700多年。

沈括

（1031 年—1095 年）

杭州钱塘县（今浙江杭州）人，北宋科学家、政治家。

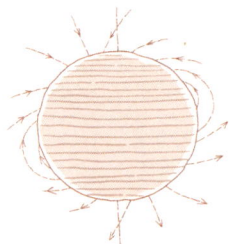

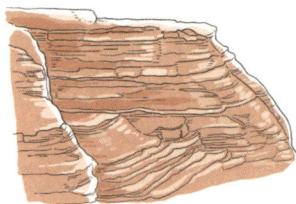

太行山沉积岩

沉积岩中的贝壳化石

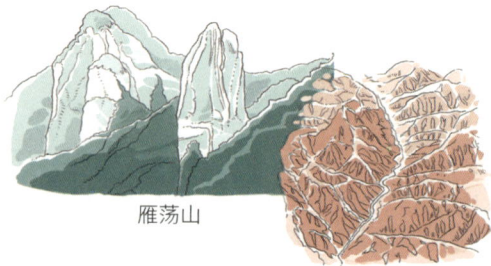

雁荡山

黄土高原

气候变迁

延州（今陕西延安）河岸塌陷，露出了深埋在地下的石质竹笋林。沈括据此猜测当地以前应该是适宜竹子生长的，"地卑气湿而宜竹耶？"这种根据化石推断出古今气候变迁的见解在当时十分超前。经现代地质学研究，沈括发现的石质竹笋可能是一种已经灭绝的植物——新芦木，它适宜生长在地势低洼、气候温和的环境中。

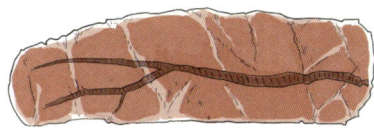

石质竹笋——新芦木化石

地质资源

"石油"一词最早由沈括命名，当时的人们会利用石油的炭黑制墨，沈括详细记录了鄜（fū）州（今陕西延安富县）、延州石油的发现和开采，并且预言石油"必大行于世"。

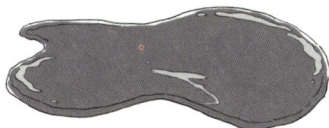

石油

气象记录

北宋熙宁年间（1068年—1077年），登州（今山东烟台蓬莱）海上有时有云气，像宫室、台观、城堞、人物、车马冠盖，清晰可见，称作"海市"。沈括虽然没有对此进行解释，但是对"蛟蜃之气所为"的神异之说提出了质疑。

海市蜃楼

沈括科学地记录了恩州（今山东德州武城县）龙卷风发生时的全部过程和外表形态，描述其"望之插天如羊角"，具有惊人的破坏力，几乎使县城成了废墟。龙卷风是大气中强烈的涡旋现象，沈括记录的这一天气现象属于陆地龙卷风，是中国气象史上的珍贵记录。

陆地龙卷风

2.2.6 徐霞客·万里远征

徐霞客，名弘祖，字振声，又字振之，霞客是他的别号。徐霞客不愿入仕，寄情山水，从22岁开始旅行，东到普陀山，西到腾冲，南到南宁，北至蓟（jì）县盘山，直至身心已无法支持远行才被送回老家，之后不再旅行。他在30多年里游历了相当于今天的19个省份，在旅途中尝尽艰险，但坚持记录其旅行考察所得。他去世后，好友季会明将他的日记整理成了颇具地理学价值和文学价值的《徐霞客游记》，这是我国古代游记中的鸿篇巨著。

徐霞客

（1587年—1641年）

出生于南直隶江阴（今江苏江阴）人，明代地理学家、旅行家、文学家、探险家。

途穷不忧，行误不悔。瞑则寝树石之间，饥则啖草木之实。

不避风雨，不惮虎狼，不计程期，不求伴侣。以性灵游，以躯命游。

亘古以来，一人而已！

——清初学者潘耒对徐霞客的评价

寻山如访友，远游如致身。

徐霞客的旅行不是单纯的游山玩水，而是在探索大自然的奥秘，寻找大自然的规律。他在山脉、水道、地质和地貌等方面的调查与研究取得了超越前人的成就。据统计，《徐霞客游记》共记录了地貌类型 61 种、水体类型 24 种、动植物 170 多种、名山 1250 多座、岩洞及溶洞 540 多个、文物古迹 50 多处，可以称得上中国古代的地理学百科全书。

探寻长江源头

长江的源头在哪里？千百年来人们一直沿用了地理经典《禹贡》中"岷山导江"的说法，认为长江应该是发源于岷山的，从来没有人怀疑甚至敢于推翻经典中的记载。但是徐霞客在"北历三秦，南极五岭，西出石门金沙"的实地考察后，得出金沙江才是长江源头的重要结论。此后，人们围绕金沙江为长江源头这一论断展开了调查、研究，直到 1976 年，国家科学考察队最终确认沱沱河（金沙江上游）是长江正源。

沱沱河发源于冰川，流量十分不稳定。当河流的含沙量过高或沉积物过多时，就堆积起来，形成了河心滩涂，使沱沱河发育出交错繁复的"辫状水系"。

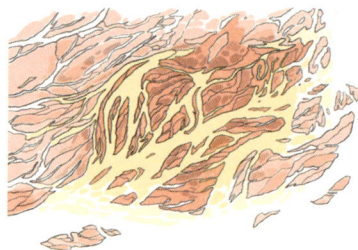

沱沱河

溶洞中的石钟乳、石笋和石柱

碳酸盐岩地区洞穴内的物质在漫长的地质历史和特定地质条件下形成的碳酸钙淀积物。

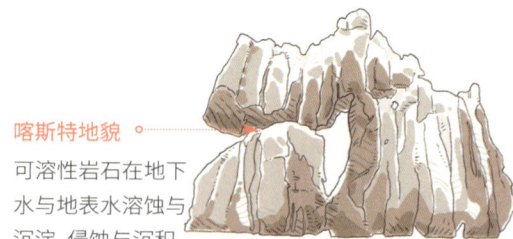

考察石灰岩地貌

徐霞客四处游历又善于观察与总结，因此能将许多地方的地理现象进行异同比较与综合分析。他对湖南、广西、贵州和云南的喀斯特地貌的类型、分布及各地区间的差异进行了详细的考察和科学的记述，可以说他是世界上对石灰岩地貌进行科学考察的先驱。

徐霞客亲身探查过的洞穴有 270 多个，并且记录了它们的方向、高度、宽度和深度。神奇的是，虽然许多数据是目测与步量的结果，但是他提供的许多数据与现代的实地勘测数据大体相符。徐霞客还指出，溶洞是在水的机械侵蚀作用下产生的，钟乳石是含钙质的水滴蒸发后逐渐凝聚而成的，基本上与现代科学原理呼应。

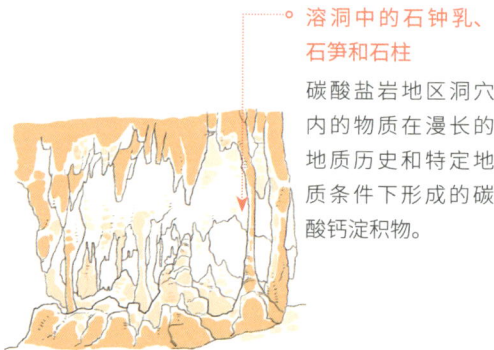

喀斯特地貌

可溶性岩石在地下水与地表水溶蚀与沉淀、侵蚀与沉积、重力崩塌、坍塌、堆积等的作用下形成的地貌。

2.3　古代地图的测与绘

我国地图测绘历史悠久。据考古发现，2000 多年前的战国时期已经有了木板地图，随着测绘工具和数学理论的发展，西汉时期的地图已经具备了较高的准确性与科学性。此后中国古代的地理学家不断地更新制图方法，制图精确度也不断提高，在 16 世纪中期西方现代制图学形成之前，中国的地图测绘始终处于世界领先地位。

2.3.1　地图的概念

地图是依据一定的绘制法则，以符号化或抽象化的方式，在一定的载体上，表达各种事物的空间分布、联系及发展趋势的图形。

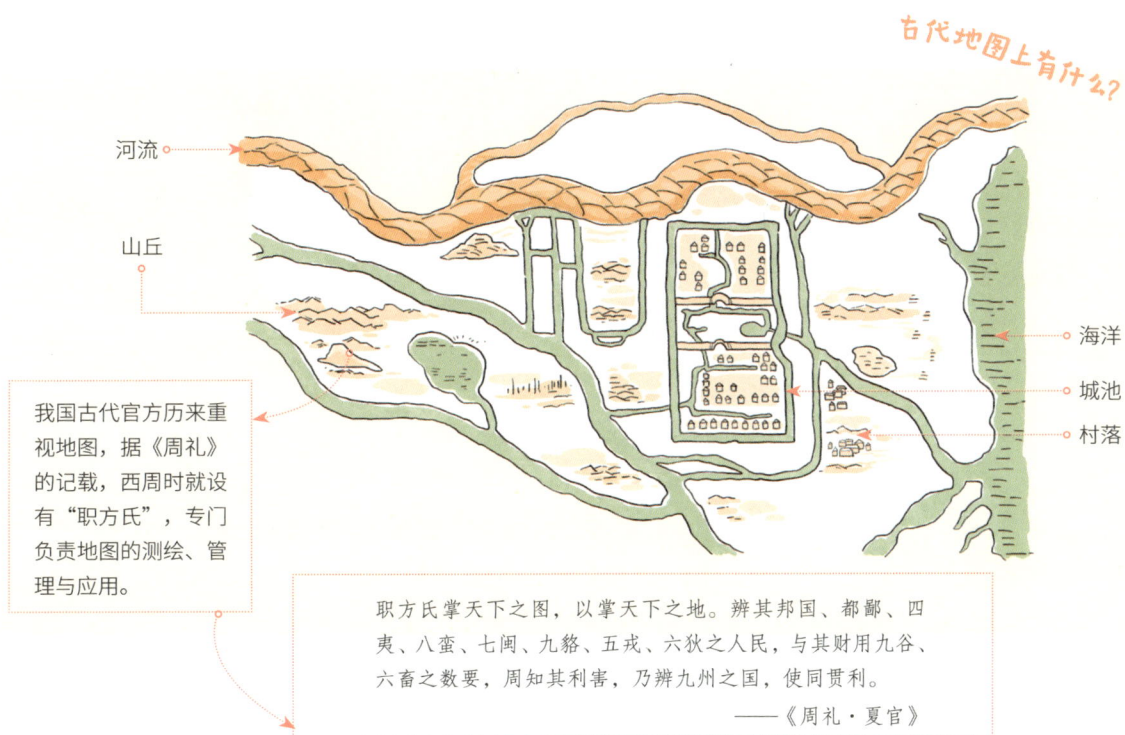

古代地图上有什么？

河流
山丘

海洋
城池
村落

我国古代官方历来重视地图，据《周礼》的记载，西周时就设有"职方氏"，专门负责地图的测绘、管理与应用。

职方氏掌天下之图，以掌天下之地。辨其邦国、都鄙、四夷、八蛮、七闽、九貉、五戎、六狄之人民，与其财用九谷、六畜之数要，周知其利害，乃辨九州之国，使同贯利。
——《周礼·夏官》

有了地图，人们便能够快速掌握这一地区的各种空间信息，包括地形与地势的变化、河流与山脉的走向、城池与村落的分布、行政区划的边界等。人们可以利用地图开展农业生产，从事水利建设，指引交通行旅，甚至指挥行军作战。

2.3.2　测

制作地图，必须首先通过测量获得方位、距离等基本地理信息，只有这样才能绘制一张尽可能准确、实用的地图。

循路步之

战国时期，商鞅规定"举足为跬，倍跬为步"，即单脚迈出一次为"跬"（kuǐ），双脚相继迈出为"步"，"跬"成为测量长度的一种单位。在早期社会，用脚步测量长度虽然不太精确，但是却有方便快速的优点。直到宋代，有时绘制地图仍然使用"循路步之"法，也就是沿路步行丈量，用步行得出的数据绘制地图。

不积跬步，无以至千里

唐代的伏羲女娲图壁画中女娲执"规"，伏羲执"矩"。

规
专门用来画圆的圆规。

矩
标有刻度的折成直角的曲尺。

准
测水平的水平仪。

绳
量直度的墨线。

规矩准绳

史书记载，大禹治水时，"左准绳，右规矩，载四时，以开九州，通九道，陂（bēi）九泽，度（duó）九山"。也就是说，大禹曾使用规、矩、准、绳等工具测量山川地势，规划治水方案。

勾股定理

随着数学的发展，古人开始将数学原理运用到实际测量中，通过计算的方式测量长度、高度、角度等地理要素。

汉代算书《周髀（bì）算经》首次阐述了勾股定理，并将其用于测算两地距离的远近，该书还提出了"日高术"，用于测定太阳的高度。汉代数学名著《九章算术》中的《勾股》章，讨论过运用勾股定理进行城池、山的高度和井的深度的测量，并将这种测量方法称为"重差术"。三国时期的数学家刘徽为了解释重差术，专门撰写了一卷《重差》，此后成为一部独立的著作《海岛算经》。

刘徽总结的重差术就是借助规、矩、绳等简单测量工具，依据相似直角三角形对应边成比例的内在关系，进行测高、望远、量深的理论和方法。

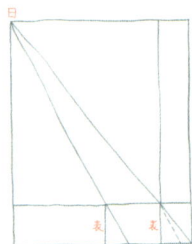

日高测算示意图

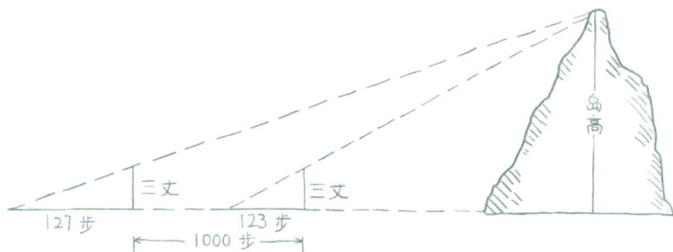

岛高测算示意图

高程测量

是的，又是我。

● 北宋沈括

1072 年，沈括首创名为"分层筑堰"的测量地形的方法，并测量了汴（biàn）渠河道地形，以及自汴京（今河南开封）上善门至泗州淮口（今江苏盱眙淮河北岸汴渠入口）的高程和直线距离。

"分层筑堰"是把汴渠分成若干段，分层筑成台阶形的堤堰，引水灌注其中，然后逐级测量各段水面，累计各段水面的差，总和就是汴京和淮口间的高程。这是世界上最早的精密地形测量，也是世界水利史上的创举。

● 元代郭守敬

著名数学家郭守敬在水利勘测过程中，为了统一比较各地高程，"又尝以海平面较京师至汴梁地形高下之差"，即以海平面为高程起算面来测算京师（今北京）与汴梁（今河南开封）地形高低的方法。

这是我国史书上第一次记载的利用海平面作为基准来建立统一的高程系统，创立了"海拔"这一科学概念。这对于我国测量事业的发展具有十分重大的意义，是我国地图测绘大面积测量发展到一定水平时孕育出的杰出科学成果。

2.3.3 绘

早期地图

甘肃天水出土的战国地图共 7 幅，绘制在 4 块松木板上，地图方位与今天的地图相反，为上南下北。7 幅地图互相关联，是战国末期秦国邽（guī）县（今甘肃天水清水县）的地图，主要表示了东柯河、永川河、花庙河 3 条河流周边共约 2000 平方千米的地域范围，以墨线标注了河流、山川、居民地、关隘、树木、各地里程等地理信息。

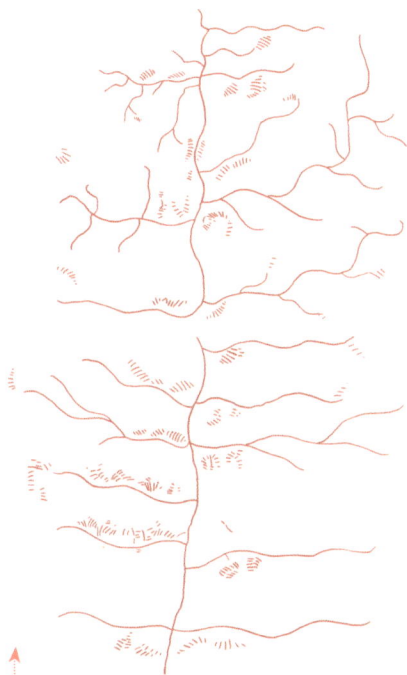

现存最早的中国古代地图 —— 甘肃天水放马滩战国木板地图。

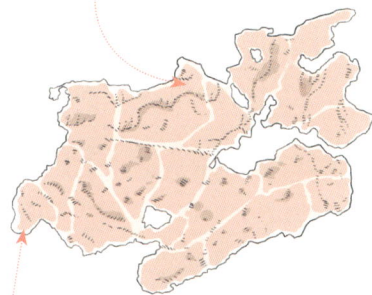

这不仅是世界上现存最早的纸张实物，也是世界上最早的纸绘地图。

甘肃天水放马滩西汉麻纸地图

这件地图残片仅有 8 厘米长，边缘起毛，表面还散布着污点，看似平平无奇，却是一件意义非凡的考古发现。经研究，这是西汉时期制造的麻纸，其上以墨线绘制了山川、道路痕迹，这表明我国在西汉时期已经出现了用于绘画、写作的纸张，而且已经使用纸张绘制地图。

1973 年，马王堆汉墓出土了 3 幅绘在丝帛上的地图，分别是地形图、驻军图、城邑图，其所示的位置与现代地图相近，内容翔实，制图精确性也达到了较高水平。这些地图已经体现了基本的制图法则，即大致按照比例绘图，对地理要素进行分类、分级，综合运用各种符号，最后以不同的颜色和熟练的绘画技艺进行绘制，可谓中国早期测绘技术和地图制作技术的杰出代表。

地图大小：

长 97 厘米，宽 93 厘米。

地域范围：

汉初长沙国南部及南越王赵佗管理地区，范围相当于今天广西全州、灌阳以东，湖南新田、广东连州以西，北至湖南新田，南至南海。

方位：

上南下北，左东右西。

比例尺：

约为 1：180000。

该地图用统一的图例表示了当时的居民点、道路、河流、山脉等分布情况，已经具备了现代地图的基本内容。

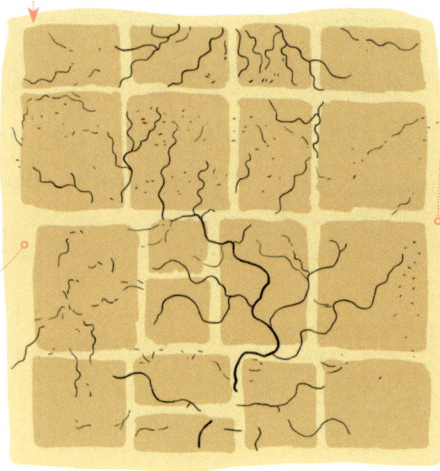

西汉长沙国南部地图

山脉

用山形线表示了山脉的位置、方向、山体大小，其中还运用了正投影描绘了九嶷（yí）山山体的轮廓和范围，以透视法描绘了山峰。

河流

标注河流 30 多条，其中部分标注了河流名称，并以线条的粗细表示河流的大小。

居民点

标注居民点 80 多个。县城用矩形符号表示，乡里用圈形符号表示。符号的大小反映了实际居民点的大小。

道路

标注道路 20 多条，多以实线表示，乡间小路以虚线表示。

裴秀·制图六体

地图测绘具有较高的技术要求，十分耗费人力、物力、财力，因此地图测绘并非易事。古代地图一直存在着没有方向、不设比例尺等问题，缺乏统一规范，质量参差不齐。直至明清时期，还有许多地图，尤其是州县的方志地图，主要以形象化的方式表现各种地理要素及其相对位置，这些地图或许具有较高的艺术价值，但是实用价值和精确度较低。

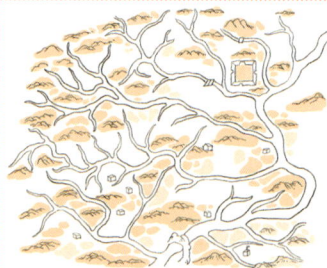

某县方志地图（突出相对位置，没有准确的空间信息）

某州府城图（重视地理景观表达，有艺术价值）

西晋时，出生于名门望族的裴秀总结了前人的制图经验，他在大型历史地图集《禹贡地域图》中提出了绘制地图的 6 项基本原则——制图六体，使地图从此具备了比较严格的数学基础。

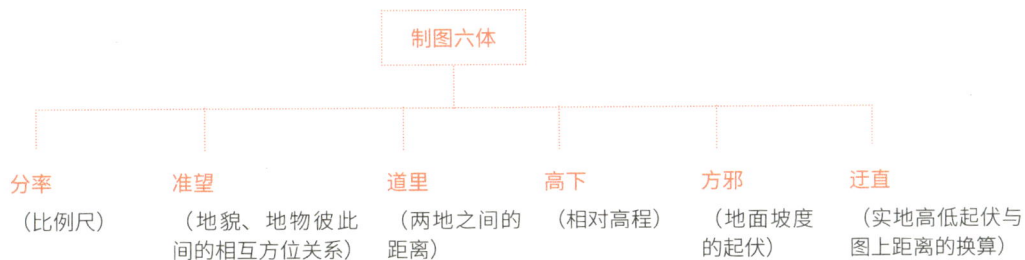

```
                        制图六体
    ┌──────┬──────┬──────┬──────┬──────┐
  分率      准望      道里      高下      方邪      迁直
 (比例尺)  (地貌、地物彼此 (两地之间的 (相对高程) (地面坡度 (实地高低起伏与
          间的相互方位关系) 距离)              的起伏)  图上距离的换算)
```

"制图六体"奠定了中国古代制图学的理论基础，对西晋至明代的制图影响深远。直到西方的投影制图法在明末传入中国，中国的制图学才有了再次革新。

沈括继承裴秀的"制图六体"，编绘了《天下州县图》（已失传），据传资料丰富，精确度较高。他在视察边防时，还用面糊、蜡或木屑在木板上将看到的山川地貌制成模型，然后复制成木刻地形模型。这种木刻地形模型比欧洲最早的地形模型早 700 多年。

没有我不会的。

裴秀·计里画方

裴秀还按照 1 寸折合 100 里的比例尺，将原来占据了 80 丝绢的西晋全域地图编制成了一幅比例尺约为 1∶180 万的《地形方丈图》，开创了"计里画方"的制图方法。"计里画方"运用了控制网格和比例尺缩放的技巧，即绘图时首先在纸上绘制好网格，然后将数据按照比例折算后绘入图中，能使地图的绘制更准确。《禹迹图》（作者不详）则是按照裴秀的"计里画方"方法绘制的。

《禹迹图》的完成进度 99%。

《禹迹图》是中国现存最早的石刻地图之一，刻石于 1136 年，长约 80.5 厘米，宽约 78.5 厘米。该图采用"计里画方"的方法绘制，每方折地百里，比例尺约为 1∶500 万，以宋朝领土为主，标注了 380 多个行政区划，近 80 条河流和 70 余座山脉的名称。图中河流和海岸轮廓线与实际状况非常接近，表现出了当时十分高超的制图水平，常常被认为是中国古代地图绘制的高水平的体现。

贾耽·古墨今朱

唐代地理学家贾耽组织画工耗时17年，运用"计里画方"的方法绘制了巨幅唐朝全国地图——《海内华夷图》，同时也开创了在地图上用不同的颜色注记不同的地名的"古墨今朱"法。

"古墨今朱"法即采用古地名为黑色、今地名为红色的着色方法来绘制地图，能够提示古今地名、地理的变迁，古今对照，解决了历史地理要素与当今地理要素混淆不清的问题，是编制历史地图、准确反映行政区划变动和地名沿革的制图创举。

◎ **益州**（古）

成都（今）

利玛窦·地图投影与经纬度测量

意大利耶稣会传教士利玛窦于明万历十年（1582年）来华传教，带来了许多西方新兴的科学技术，是近代东西方文化交流的先驱。他在中国的28年间参与绘制了10多种世界地图，不仅通过地图将西方地理大发现的知识介绍到中国，同时也传播了西方先进的地图测绘知识，客观上推动了中国地图制图技术的发展。

世界上最早的中文版世界地图就是利玛窦参与绘制的《坤舆万国全图》。

利玛窦选取170°经线作为中央经线，使中国更接近地图的中央，这成了此后中国的世界地图的主要布局方式。

利玛窦
（1552年—1610年）

利玛窦

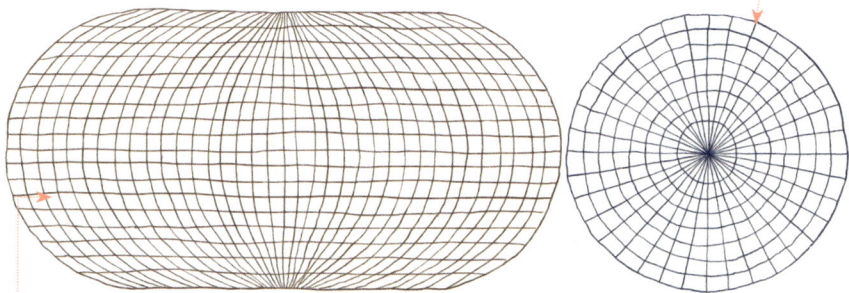

地图投影与经纬度测量是现代地图学的制图基础。

利玛窦带来的地图测绘知识

地图投影就是利用一定的数学法则把地球表面的经线、纬线转换到平面上。确定了地图投影后，测得一个地点的经纬度坐标，再依据数学法则将坐标标记在平面上，这样就可以制成准确的地图。

2.4 航海技术

"行路难者，有径可寻，有人可问。若行船难者，则海水连接于天，虽有山屿，莫能识认。"这段话的意思是，在大陆上行走，总归可以沿着道路的痕迹，或者询问当地人找到前进的方向，但是在海上行船却很难找到方向。的确，航海是一项危险系数很高的活动，如果遇到冰山、礁石、狂风暴雨，会有船舶倾覆的风险。即便天朗气清，在水天相接的茫茫大海上，人们也很容易迷失方向。

考古发现证明，我国有着悠久的航海历史，航海业相当发达。秦汉时期，我国先民就已经同朝鲜、日本有了海上往来，并形成了古代中国与外国交通贸易和文化交往的海上通道——海上丝绸之路。自隋唐到明清，海上交通不断发展，庞大的中国船队经常执行远洋航运。

那么，在没有卫星导航系统和钢铁巨舰的时代，海员们是如何扬帆万里、远渡重洋的呢?

2.4.1 造船技术

航海事业的发展离不开两大技术，即造船技术与导航技术。就造船而言，只有造出结构坚固、航行稳定的大船，才能抵御风浪，才能满足大量载人、载货远洋航行的需求。

造船发展简史

"中华第一舟"：约8000年前的跨湖桥独木舟。

这是目前发现的中国最早的独木舟遗存。这个独木舟制作精良，可能是古代先民使用比较高级的石器挖凿树干制作而成的，是人类制舟技术发展至成熟阶段的产物。这表明我国古代先民在约8000年前乃至更早的时期就已经具备了较强的水上航行能力。

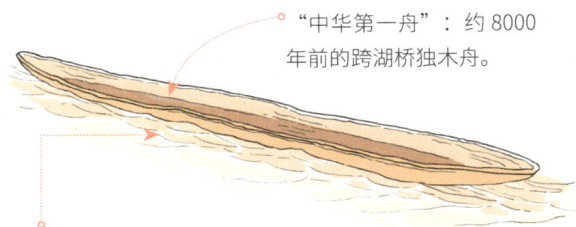

秦汉时期，制板技术、木构件连接技术、捻缝技术不断发展，我国古代造船工艺日益精进，逐渐从木板船时代进入帆船时代。造船的种类和数量不断增多，造船业的发展出现了第一个高峰。

东汉陶船

"南海一号"南宋古沉船复原图

唐宋时期，海船已经朝着大型化和远洋化发展，并以体积大、载重多、结构坚固、设施完善、性能优良闻名于世，造船工厂众多。明代时造船业更是发展到了顶峰。大型海船的出现为航海事业的发展奠定了坚实的基础。

船的构件及其作用

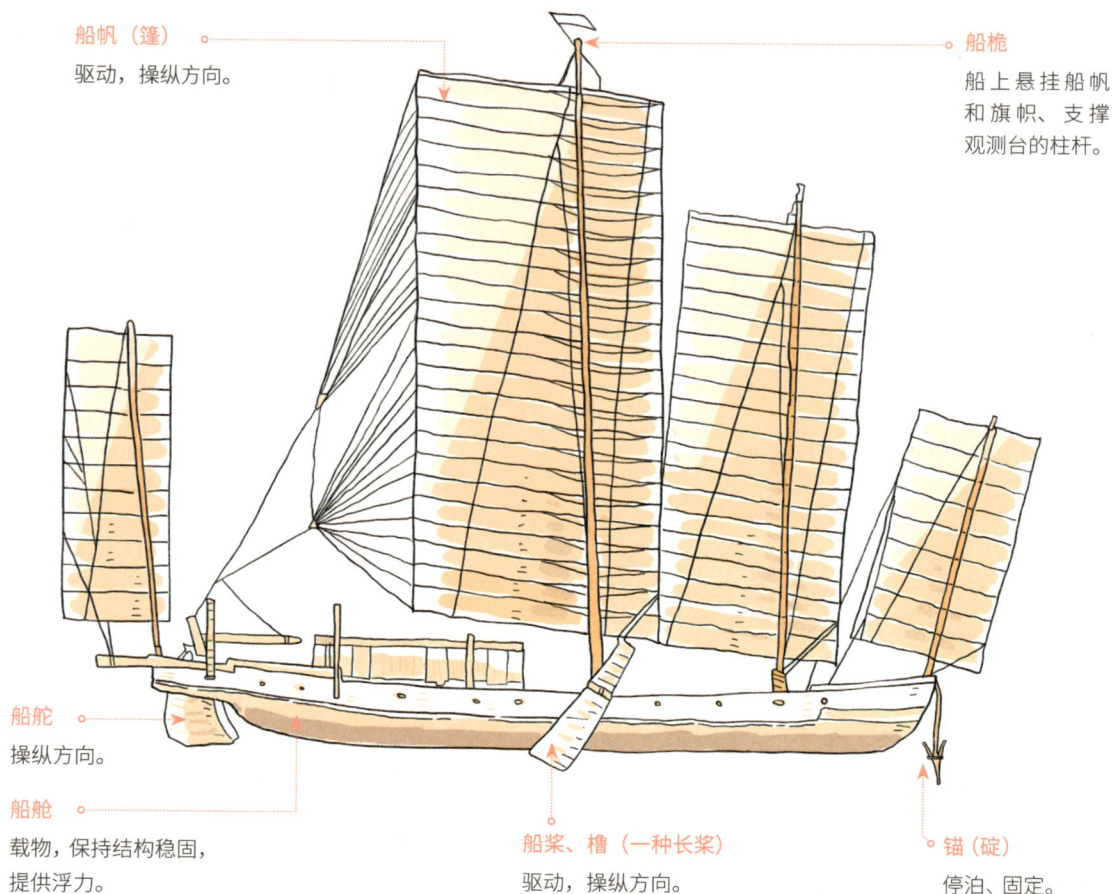

船帆（篷）
驱动，操纵方向。

船桅
船上悬挂船帆和旗帜、支撑观测台的柱杆。

船舵
操纵方向。

船舱
载物，保持结构稳固，提供浮力。

船桨、橹（一种长桨）
驱动，操纵方向。

锚（碇）
停泊、固定。

水密隔舱示意图

水密隔舱——唐代造船技术与工艺的一项伟大发明。

水密隔舱，就是用隔舱板将船舱分成互不相通的一个个舱区，由于舱与舱之间严格分开，因此在航行中，特别是在远洋航行中，即使有一两个舱区破损进水，水也不会流到其他舱区，这大大提高了船舶航行的安全性。水密隔舱的设计既可以使船只便于修复，提高了船舶的抗沉性，又可以加强船体结构，有利于制造更大的船。

独一无二的中国木帆船。

关于中国木帆船的最早记载见于汉代，当时的船帆多为百叶帘式，带竹、木撑条，由麻布或竹席制成的矩形或扇形的硬帆可以升降和折叠，这在当时的世界上是独一无二的。随着时代的发展，中国木帆船得到不断改良，有力地推动了人类航海事业的发展。

2.4.2　导航技术

如果没有发达的导航技术，那么再精良的船舶也只能贴着海岸线航行，难以进行横跨海洋的远航，而且在浅海航行时，海底情况复杂，船舶容易触礁或搁浅。因此，导航技术的应用对于航海事业，尤其是远洋航行的发展至关重要。在中国古代，主要有地文导航、天文导航、罗盘导航等导航技术和方法。

地文导航

地文导航是指根据海岸、岛礁、山头、建筑物等地上景物确定船舶位置并导航。地文导航历史悠久，主要应用于近海航行。

海上航行不怕水深，只怕水浅。近海多沙洲、浅滩、礁石，船舶容易触礁或搁浅，因此我国古代发明了专门用于测深的工具——测深锤。

测深锤一般为铅质，系在长绳上。船舶吃水较深时，由专人不断下降铅锤，触到海底，测量深度。有的铅锤底部还钻有孔并涂有牛油，这样触底时还可以提取海底的物质，明确海底的情况。

咦？这座山上次怎么没见过？

地文导航只适用于近海航行，如果船舶要离岸远航，又该如何导航呢？

天文导航

天文导航是指依靠对天文现象的观察来确定航向。

"大海弥漫无边，不识东西，唯望日月星宿而进。"

——《佛国记》

在早期航海活动中，人们可以借助观察日月星辰等天文现象来确定船舶的相对位置和航向，使船舶可以进行适当的离岸航行。明代时，出现了更精确的天文导航技术——过洋牵星术。但是这些方式在天气不好、天象不明时无法使用。

这是最新航海技术，走过路过不要错过。

明代《郑和航海图》中的"过洋牵星图"

牵星板由大小不一的 12 块正方形木板组成，每一块木板上标有刻度，以"指"为单位，最大一块木板的边长约为 24 厘米，为 12 指，每块木板的边长递减 2 厘米，最小的一块木板的边长约为 2 厘米，为 1 指。

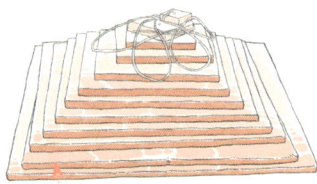

牵星板

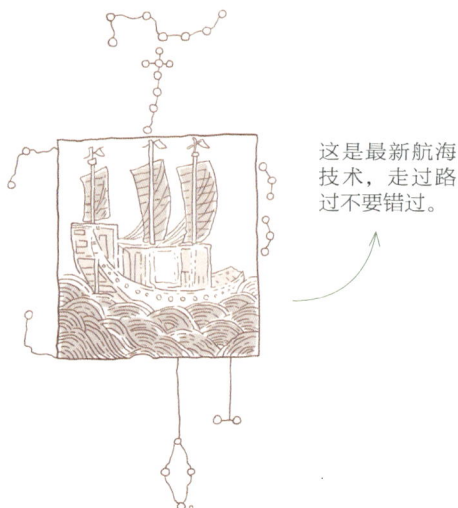

牵星板

目标星辰

指角数

水平线

眼到牵星板的距离

船员可以利用牵星板测量天体与海平面的角度及相关数据来确定船舶的位置。过洋牵星术开启了以天文定位为特点的天文导航新时期，是中国古代天文导航最重要的成就之一。

通过过洋牵星术，船员可以得到对应目标星辰的指角数（离海平面的高度），再将这一数据与前人的航海图中标注的目标星辰数据对照，就可以确定船舶的目前所在位置。如果担心一个目标星辰的数据不准，还可以多测量几颗目标星辰进行对照，以提高准确性。

但是天文导航只能在天气晴朗的情况下使用，如果阴云密布、风雨交加，还有其他办法可以导航吗？

罗盘导航

罗盘导航即依靠可以指示方位的全天候导航仪——罗盘进行定位引航。

航海罗盘是如何诞生的？

栻（shì）盘主要用于占卜，由圆形天盘和方形地盘组成，象征天圆地方。天盘与地盘之间由转轴连接，天盘外圈为十二月神与二十八宿，内圈为北斗七星。使用时转动天盘，北斗七星的斗柄可指向地盘的卦象。

五代十国时期，人们将地盘改造为圆形，方便携带，将天盘改造成天池，并在中间加水以悬浮指南针。栻盘由此变成了可以全天候使用的堪舆罗盘。

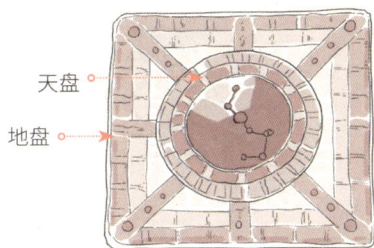

甘肃武威磨嘴子汉墓出土汉代漆栻盘

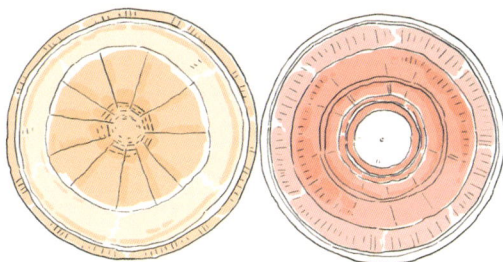

堪舆罗盘

堪舆罗盘有许多卦象，十分复杂，航海导航只需要指示方位，所以堪舆罗盘中地盘的多圈层被简化为一圈由天干、地支、八卦组成的针位，于是，伟大的发明——航海罗盘就诞生了。

航海罗盘

航海罗盘应用了十二地支（子、丑、寅、卯、辰、巳、午、未、申、酉、戌、亥）和十天干中的八干（甲、乙、丙、丁、庚、辛、壬、癸），以及八卦中的四维（乾、坤、艮、巽），一共可以指示 24 个方位，其中子、午为正北、正南，因此人们习惯以"子午线"指南北方向。

有了航海罗盘，人们不必再沿着海岸线小心翼翼地航行，而是可以驶向辽阔的海洋，并且可以不受天气和时间的限制，随时随地确认方向。航海路线由此逐渐固定，航海的安全性和效率都得到了显著提高。因此，航海罗盘是人类导航技术史上革命性的发明与创造，可以说是我国航海家在人类航海技术上做出的伟大贡献。

2.4.3　航海的人

航海是一项艰巨、漫长的任务。在大型海船上，需要配备各种技术人员和管理人员，他们在船上各就其位，各司其职，保障船舶的安全航行。

技术人员

火长：旧称海师、舟师、船师，"其司针者名火长，波路壮阔，悉听指挥"。火长掌握航海罗盘，负责导航和测深。外籍火长就叫"番火长"。因南方的几个方位与五行中的"火"相关，所以指南的人叫火长。

舵工：也叫艄公、艄子，在火长的指挥下，控制航向。

缭手：分为大缭、二缭，操作缭索，控制风帆。

迁手：分为一迁、二迁、三迁，操作桅杆绳索，与缭手相互配合。

斗手：也叫阿班、亚班、上斗，在战船桅杆顶部瞭望敌情，在商船上修理帆布、帆索、桅索等。

碇手：分为大碇、二碇，负责掌管锚碇。

管理人员

船东：也叫船主、财东，是船队出资最多者。

船长：宋元时期叫"纲首"，明清时期叫"出海""出洋"。船长指挥航行，负责决策船上所有事务，包括贸易。

直库、财副：管理财务。

总管、总捍（hàn）：管理杂务。

总铺：厨师长。

香工：负责神龛香火。

郑和·七下西洋

朱棣称帝后，委任郑和为正使，在永乐三年（1405年），率水手及官兵27000余人，乘62艘大型船舶第一次远航西洋。

在28年间，郑和七次远航，经过了30多个亚非国家，最远到达非洲东岸及红海地区。这些航行要比欧洲的哥伦布、达·伽马等人的航行早半个世纪以上。

云南昆阳州（今云南昆明晋宁区）人，
明代航海家、外交家。

郑和本姓马，小名三保，明初入燕王府成为宦官，因跟随朱棣起兵有功，被赐姓郑。郑和的祖父与父亲都到过麦加，因此郑和对当时西洋诸国的情况有所了解。

庞大的船队

郑和根据历次的航行记录和实践经验，编纂了中国现存最早的亚非航海图《郑和航海图》与航海指南手册《针位编》（已失传）。他的随航人员则编写了《瀛涯胜览》《星槎（chá）胜览》《西洋番国志》等海外见闻录，记述了 30 多个国家的山川地理、风土人情等，具有重要的地理价值。

郑和七下西洋，应用了当时最先进的航海技术，开辟了中国古代历史上最长的远洋航线，发展了中国的航海事业，也加深了中国与亚非各国的联系，促进了物资的往来流通与文明的交流互鉴，是中国和世界航海史上的空前壮举。

第 3 章

算法智慧：数学

图一解一中一国一古一代一自一然一科一学

3.1　算术技术

在中国传统文化史上，数学是一个历史悠久的话题，当我们开始认识这个世界的时候，数学就和我们在一起了。它的发展伴随着人类生产、生活的需要，这个发展过程是很漫长的。在人与物的实践中，人们慢慢有了数、形的概念，有了计算的需要，数学作为一门学科应运而生。中国的数学具有悠久的历史，在世界四大文明古国中，中国数学的繁荣时间持续最长。从公元前后至 14 世纪，中国古典数学先后经历了 3 次发展高潮，即两汉时期、魏晋南北朝时期、宋元时期，并在宋元时期达到巅峰。

在现代数学中，算术是数学的一个分支，其内容包括自然数和在各种运算下产生的性质、运算法则，以及在实际中的应用。但是在中国古代，"算术"泛指数学，直到 20 世纪，"数学"才正式取代"算术"一词成为统称，因此算术技术也就是中国古代的数学运算技术。中国古代的算术技术包括运算方法及运算工具，在实践中得到逐步完善和发展，成就了一套中国特色算法体系。它们集中体现了中国古代数学成就的辉煌，也是中国古代数学发展的一大印证。

3.1.1　算筹

在中国古代，数学被叫作"算术"，其原始意义就是"运用算筹的技术"。在珠算被发明之前，算筹是最有效的计算工具，中国古代数学的早期发达与持续发展都受惠于算筹。

什么是算筹

上古时期并没有文字，为了将重大事件、风俗或传统记录下来并流传下去，古代先民在不同粗细的绳子上面结成不同距离的结，这些结有大有小，不同结法、不同距离、不同粗细均表示不同的意思，由专人遵循规则记录，代代相传，这就是最原始的结绳记事。

结绳记事不仅能够记录事件，还产生了最初的数字。

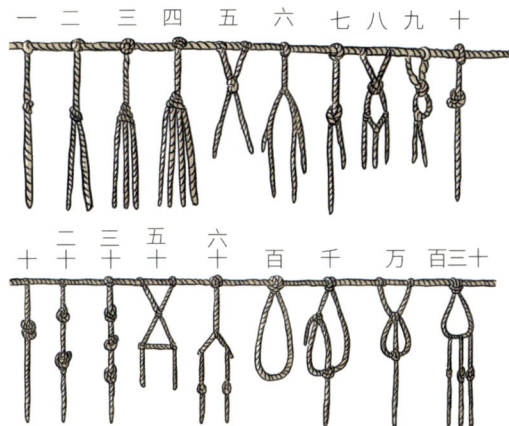

最晚在春秋战国时期，算筹被发明了出来。算筹是中国古代主要的计数方法之一，它的出现也代表着我国数学史的一大飞跃。

在算筹计数法中，每根竖放的筹棍表示 1，每根横放的筹棍表示 5，以纵、横两种排列方式来表现单位数目。表示多位数时，个位用纵式，十位用横式，百位用纵式，千位用横式，以此类推，遇到 0 则置空。

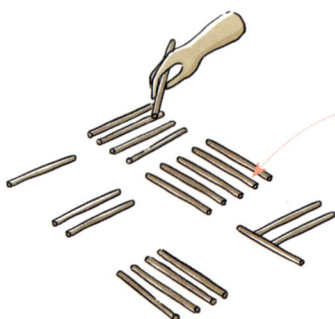

筹棍实际上是一根根长约 13 厘米的圆形小竹棍，也有骨质的、铁质的。从考古出土的材料来看，筹棍很像今天的长条巧克力棒。

其中 1~5 都分别以纵、横两种排列方式排列相应数目的算筹来表示。

6~9 则以上面的算筹搭配下面的算筹来表示。

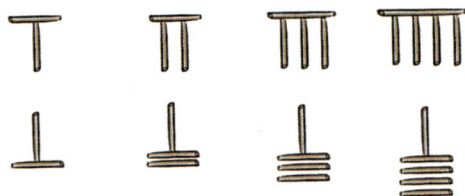

纵式

横式

这 4 个数字分别是 6、7、2、4，对应的排列形式为纵横相间；个位是纵式、十位是横式、百位是纵式，千位是横式。该算筹表示的数字是 6724。

如果遇到 0 该怎么办呢？古人规定，在表示一个多位数的时候，哪个数位上的数字是 0，这个数位就空出来。该算筹的百位是 0 被空出来了，所以这个数字就是 9035。

怎么样，是不是很好记呢？

算筹的计算方法

接下来我们就看看算筹是怎么进行计算的吧。

● **减法**

在不需要向上一数位借位的情况下，只需要从被减数中去掉与减数相同数目的筹棍，剩余的筹棍就是答案。

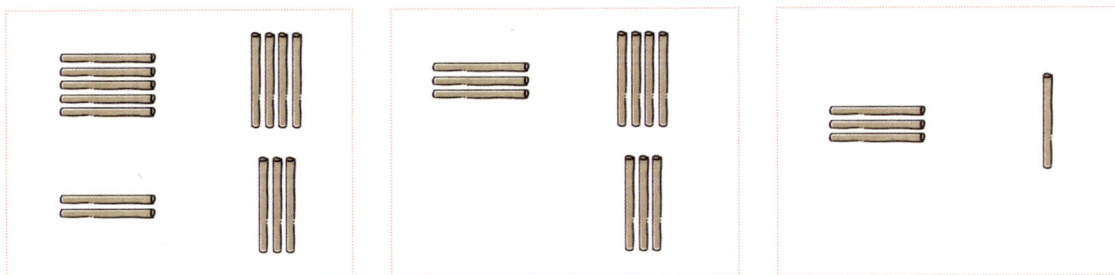

54-23=31

那么在需要向上一数位借位的情况下，要如何进行计算呢？以 4231-789 为例。

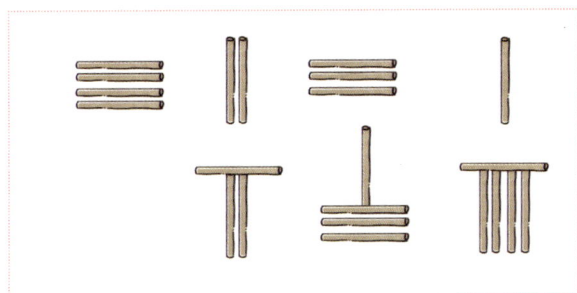

①将被减数 4231 放在上一行，减数 789 放在下一行。从左往右逐位运筹。

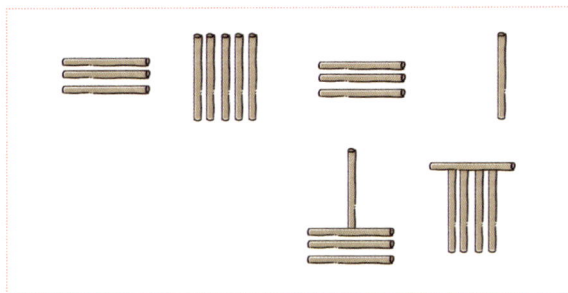

②从千位借 1 给百位 10，减去下一行百位的 7，余数 3 与上一行的 2 合为 5。至此，上一行的筹棍为 3531，下一行的筹棍为 89。

③从上一行百位的 5 借 1 给十位 10，所借 1（=10）减去下一行十位的 8，余数 2 与上一行的 3 合为 5。至此，上一行的筹棍为 3451，下一行的筹棍为 9。

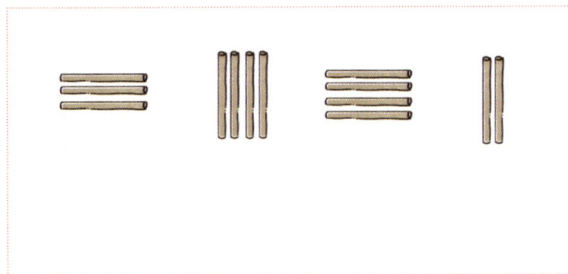

④从上一行十位的 5 借 1 给个位 10，所借 1（=10）减去下一行的 9，余数 1 与上一行的 1 合为 2。至此，下一行的筹棍已经全部减除，上一行的 3442 为最终运算结果。

● 加法

算筹加法很简单，类似减法，从左边到右边，诸位相加，同一位的两个数相加，所得结果在 10 以上，就在左边数位上添一筹。以 23+73 来演示。

加数
(23)

加数
(73)

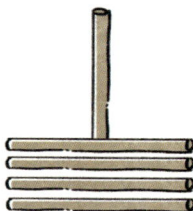

和
(96)

看完算筹的介绍之后，大家是不是觉得古人实在是太聪明了呢？别着急，看完下面的珠算，古人的智慧会令大家更加惊叹。

3.1.2 珠算

珠算是以算盘为工具进行数学计算的一种方法。

2013 年 12 月 4 日，"中国珠算"被正式列入联合国教科文组织人类非物质文化遗产名录。珠算是中国古代的重大发明，秦汉时期就已经在使用了。它由算筹演变而来，人们在算筹的基础上改进并发明了更先进的算盘。

什么是算盘

算盘最早可以追溯到前 600 年，据说当时就有了"算板"。到了东汉末年，徐岳在他的数学著作《数术记遗》中记载了当时流行的一种算盘：每位有 5 颗可以移动的算珠，上面 1 颗被当作 5，下面 4 颗每颗被当作 1。这也是我国已知对算盘最早的确切的文字记载。

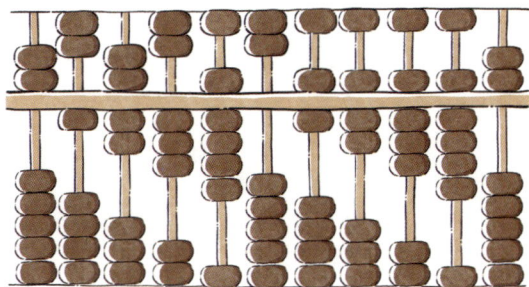

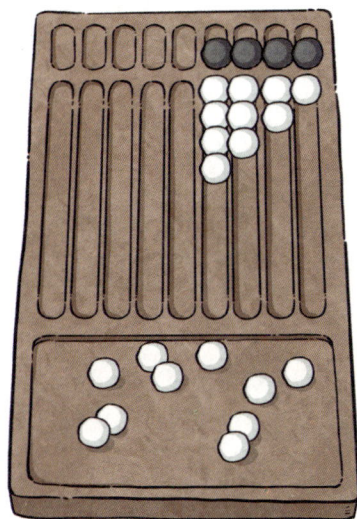

经过几百年的发展，最晚在宋代，我国就已经普遍使用算盘来进行数学演算了，同时，算盘的形制也与现在的算盘差不多了。标准的算盘呈长方形，四周是木框，里面固定着一根根小木棍，小木棍上串着算珠，中间一根横梁把算盘分成上、下两部分，每根小木棍的上半部分有2颗珠子，每颗珠子被当作5，下半部分有5颗珠子，每颗珠子被当作1。

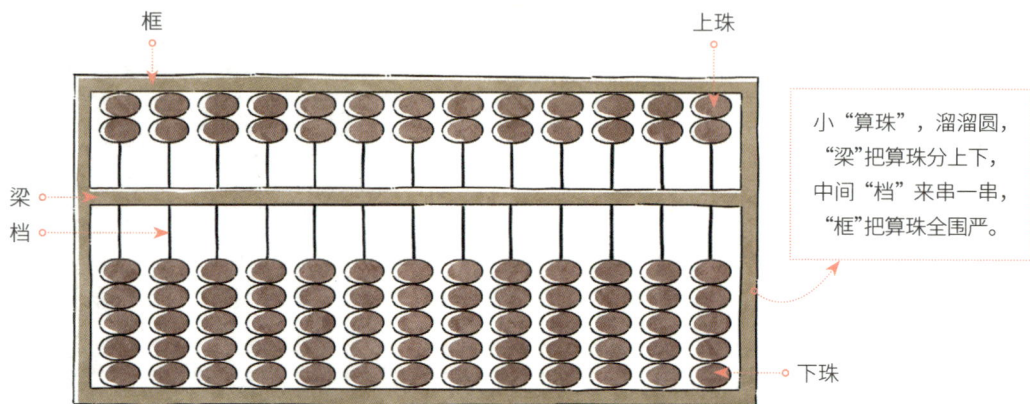

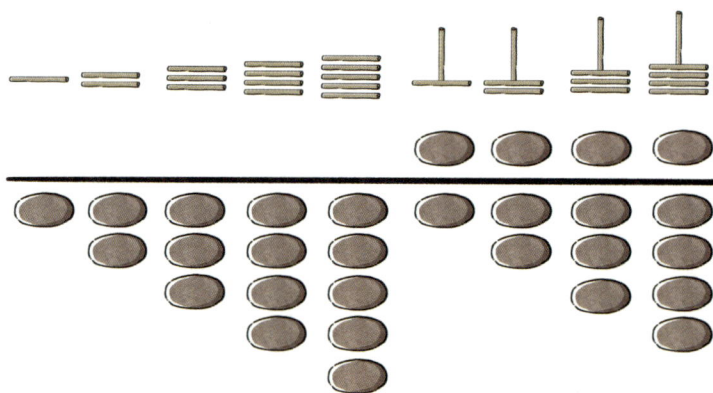

框　　　　　　　　　　　　　　　　　　上珠

小"算珠"，溜溜圆，
"梁"把算珠分上下，
中间"档"来串一串，
"框"把算珠全围严。

梁
档

下珠

算盘和算筹的对比

珠算技术

珠算是指运用口诀通过手指拨动算珠进行加、减、乘、除和开方等运算。

珠算口诀对于算盘，就像 Windows 系统对于计算机，都是必不可少的"软件"。在算盘被广泛使用之前，跟计算有关的口诀就已经产生并广泛流传了。后来当珠算逐渐取代算筹成为主流计算方法时，人们对原来适用于算筹的计算口诀进行了修改，形成了珠算口诀。

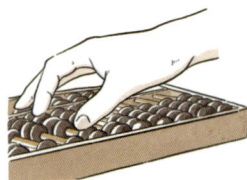

最开始的计算口诀是"九九乘法口诀",这也是我们最熟悉的计算口诀。根据《管子》《荀子》《战国策》等典籍中出现的"六八四十八""三九二十七""六六三十六"等字句,以及清华简中的"算表",可以肯定地说"九九乘法口诀"早在先秦时期就已经流行了。

另外,日常生活中被作为熟语常用的珠算口诀有"三下五除二"(三下五去二)"二一添作五""一退六二五""三一三十一"(三一三余一)等。

"三下五除二"(三下五去二)是珠算口诀中的一句加法口诀,本指用算盘计算 2+3 的时候,要从上档拨下一个珠子来表示 5,再从下档拨下原来的 2 颗珠子。因为整个计算过程的操作相当顺手,只需要从上到下一拨便可完成,所以这句口诀常用来比喻做事情干净、利索、迅速。

"二一添作五"本指用算盘计算 2÷1 时,需要从上档拨下 1 颗珠子,表示 0.5,现在比喻双方平分。

"一退六二五"后来演变成了惯用语"一推六二五",原指 1÷16,结果是 0.0625。过去十六两为一斤,如果一斤物品的价格是一元,一两物品的价格就是 1÷16 元(0.0625 元)。这个口诀中的"退"与"推"谐音,所以后来的说法"一推六二五"表示毫不犹豫地推卸责任。

下面给大家看看完整的珠算口诀表,见识一下几千年以来的中国算法智慧。

【加法口诀表】

加数	不进位的加		进位的加	
	直加	满五加	进十加	破五进十加
一	一上一	一下五去四	一去九进一	
二	二上二	二下五去三	二去八进一	
三	三上三	三下五去二	三去七进一	
四	四上四	四下五去一	四去六进一	
五	五上五		五去五进一	
六	六上六		六去四进一	六上一去五进一
七	七上七		七去三进一	七上二去五进一
八	八上八		八去二进一	八上三去五进一
九	九上九		九去一进一	九上四去五进一

【减法口诀表】

减数	不退位的减		退位的减	
	直减	破五减	退位减	退十补五的减
一	一下一	一上四去五	一退一还九	
二	二下二	二上三去五	二退一还八	
三	三下三	三上二去五	三退一还七	
四	四下四	四上一去五	四退一还六	
五	五下五		五退一还五	
六	六下六		六退一还四	六退一还五去一
七	七下七		七退一还三	七退一还五去二
八	八下八		八退一还二	八退一还五去三
九	九下九		九退一还一	九退一还五去四

【除法口诀表】

九归口诀:

一归(用 1 除):逢一进一,逢二进二,逢三进三,逢四进四,逢五进五,逢六进六,逢七进七,逢八进八,逢九进九。

二归(用 2 除):逢二进一,逢四进二,逢六进三,逢八进四,二一添作五。

三归(用 3 除):逢三进一,逢六进二,逢九进三,三一三余一,三二六余二。

四归(用 4 除):逢四进一,逢八进二,四二添作五,四一二余二,四三七余二。

五归(用 5 除):逢五进一,五一倍作二,五二倍作四,五三倍作六,五四倍作八。

六归(用 6 除):逢六进一,逢十二进二,六三添作五,六一下加四,六二三余二,六四六余四,六五八余二。

七归(用 7 除):逢七进一,逢十四进二,七一下加三,七二下加六,七三四余二,七四五余五,七五七余一,七六八余四。

八归(用 8 除):逢八进一,八四添作五,八一下加二,八二下加四,八三下加六,八五六余二,八六七余四,八七八余六。

九归(用 9 除):逢九进一,九一下加一,九二下加二,九三下加三,九四下加四,九五下加五,九六下加六,九七下加七,九八下加八。

退商口诀:

无除退一下还一,无除退一下还二,无除退一下还三,无除退一下还四,无除退一下还五,无除退一下还六,无除退一下还七,无除退一下还八,无除退一下还九。

商九口诀:

见一无除作九一,见二无除作九二,见三无除作九三,见四无除作九四,见五无除作九五,见六无除作九六,见七无除作九七,见八无除作九八,见九无除作九九。

3.2 数学成就

在世界上，古希腊在几何学领域取得了伟大成就，后世的法国数学家笛卡儿、英国数学家牛顿等对数学的发展做出了重大贡献。古代的中国对数学的研究也是非常深刻的，甚至在很长一段时间内处于世界领先地位，对中华文明乃至人类文明的发展进步做出了巨大的贡献。

3.2.1 《周髀算经》

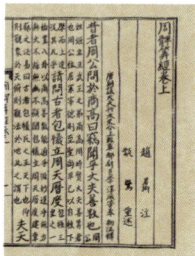

《周髀算经》简称《周髀》，是我国公认的最早的数学算术类经书，约成书于前 1 世纪。此书的出现证明了在很久以前中国就有极为先进的数学理念和数学方法。此书在唐代被收入《算经十书》中。

这本书讲了什么

《周髀算经》主要讲述了学习数学的方法，用勾股定理来计算高、深、远、近，进行比较复杂的分数计算等，还涉及许多天文学知识，如历法、日月运动、二十八宿距度等。《周髀算经》最早用文字记录了"勾股定理"，即"勾三股四弦五"，这个定理也被称为"商高定理"。

中国的勾股定理，称直角三角形两条直角边分别为勾、股，斜边为弦，发现了勾三股四弦五、勾的平方加股的平方的和为弦的平方的关系，因此已知其中两项可求第三项。利用这一定理，人们可以在测量中完成许多任务。

周公问："窃闻乎大夫善数也，请问古者包牺立周天历度。夫天不可阶而升，地不可得尺寸而度，请问数安从出？"

商高回答："数之法，出于圆方，圆出于方，方出于矩，矩出于九九八十一。故折矩，以为勾广三、股修四、径隅五。既方之外，半其一矩，环而共盘，得成三四五。两矩共长二十有五，是谓积矩。故禹之所以治天下者，此数之所生也。"

原文大意

周公："我听说您非常精通数学，我想请教一下，天没有梯子可以上去，地也没法用尺子去一段一段地丈量，那么怎样才能得到关于天地之间的距离呢？"

商高回答说："数学的规律，是从"圆"和"方"的几何关系中总结出来的。圆可以通过方的内接或外切得到，而方的构造依赖于直角（矩尺）。直角的确立又离不开数的计算（比如九九八十一这样的乘法法则）。如果我们用直角尺（矩）去分割图形，短边（勾）定为 3 份，长边（股）定为 4 份，那么斜边（径隅）自然就是 5 份。在方形的外部，取半个直角尺的图形，绕着中心旋转组合，就能得到一个符合 3、4、5 比例的直角三角形。把两条边（3 和 4）平方后相加（$3^2+4^2=9+16=25$），正好等于斜边的平方（$5^2=25$），这就是"积矩"。大禹之所以能成功治理天下，靠的正是这些数学原理的实际运用。"

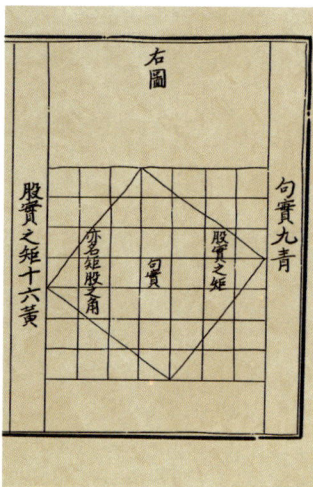

勾股定理在西方被称为毕达哥拉斯定理，相传是古希腊数学家兼哲学家毕达哥拉斯于大约前 550 年首先发现的。而我国的《周髀算经》中对于勾股定理的记录为西周时期周公与商高的对话，时间约为前 1100 年，因此勾股定理在中国出现的时间或早于西方国家。

赵爽弦图

汉代数学家赵爽深入研究《周髀算经》之后，为《周髀算经》写了序言并进行了详细的注释。他详细解释了《周髀算经》中的勾股定理，将勾股定理表述为："勾股各自乘，并之，为弦实。开方除之，即弦。"并绘制了"赵爽弦图"。

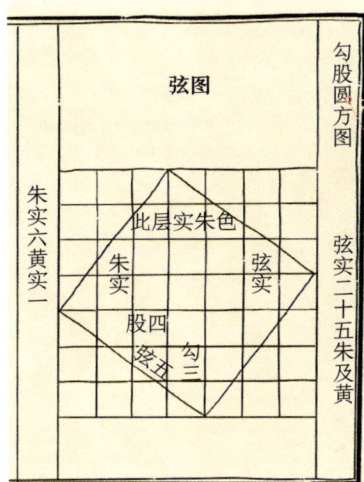

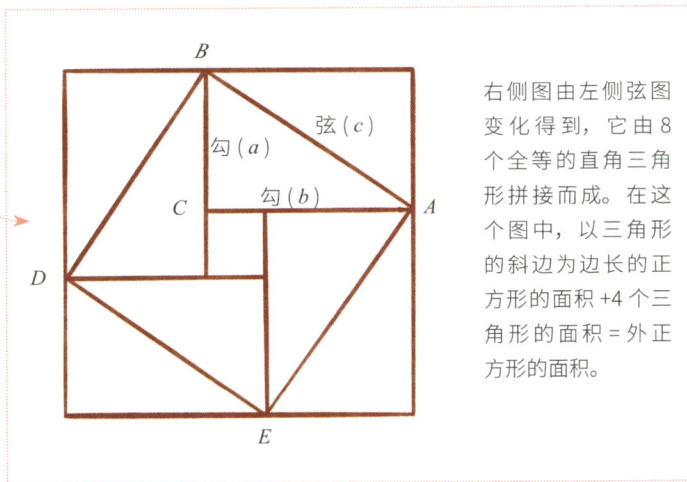

右侧图由左侧弦图变化得到，它由8个全等的直角三角形拼接而成。在这个图中，以三角形的斜边为边长的正方形的面积+4个三角形的面积=外正方形的面积。

3.2.2 《九章算术》

《九章算术》是《算经十书》里的一部重要典籍，大约成书于1世纪左右，作者不详，它被认为是先秦至西汉时期经过众多学者增补修订形成的一本数学专著。它是当时世界上最先进的应用数学，它的出现标志着中国古代数学形成了完整的体系。

《九章算术》

主要采用问题集的形式，全书一共有246个问题，主要涉及算法、代数、几何。其中，每道题有问（题目）、答（答案）、术（解题的步骤，但没有证明），有的是一题一术，有的是多题一术或者一题多术。

为什么叫"九章"呢？因为这本书一共包含9个章节。

第1章 方田：田亩面积计算。

第2章 粟米：按比例折算谷物、粮食。

第3章 衰分：按比例分配。

第4章 少广：已知面积、体积，求其一边长、河径长等。

第5章 商功：土石工程、体积计算。

第6章 均输：合理摊派赋税。

第7章 盈不足：双设法问题。

第8章 方程：一次方程组问题。

第9章 勾股：利用勾股定理求解各种问题。

算法方面

（1）分数四则运算法则：在"方田"章里，给出了完整的分数加、减、乘、除，以及约分和通分的运算法则。

（2）比例算法："粟米""衰分""均输"三章集中讨论了比例问题，并提出将"今有术"作为解决各类比例问题的基本方法。今有术相当于现在的" $a:b=c:x$ ，则 $x=\dfrac{bc}{a}$ "，其中 a 为所有率，b 为所求率，c 为所有数，x 为所求数。

（3）盈不足术：以盈亏类问题为原型，通过两次假设来求解繁难算术问题的方法。

代数方面

（1）方程术，即线性联立方程组的解法。

问：今有上禾三秉，中禾二秉，下禾一秉，实三十九斗；上禾二秉，中禾三秉，下禾一秉，实三十四斗；上禾一秉，中禾二秉，下禾三秉，实二十六。问上、中、下禾实一秉各几何？

答：上禾一秉，九斗、四分斗之一；中禾一秉，四斗、四分斗之一；下禾一秉，二斗、四分斗之三。

解：设上、中、下禾各一秉打出的粮食分别为 x、y、z 斗，则解方程组

$$\begin{cases} 3x + 2y + z = 39 \\ 2x + 3y + z = 34 \\ x + 2y + 3z = 26 \end{cases}$$

可得：上禾 $=9\dfrac{1}{4}$，中禾 $=4\dfrac{1}{4}$，下禾 $=2\dfrac{3}{4}$

（2）正负术，即正、负数的加减运算法则。

法则：同名减实，异名益实，正无入负之，负无入正之也。其异名相除，同名相益，正无入正之，负无入负之。

该法则就是现在用的正、负数和零之间的运算，前四句为减法法则，后四句为加法法则。

（3）开方术，《九章算术》里"少广"章中有"开方术"和"开立方数"，给出了开平方和开立方的算法。开方术本质上是一种减根变换法，开创了后来开更多次方和求解多次方程数值的先河。

《九章算术》里的开方术实际上包含了二次方程 $x^2+bx=c$ 的数值求解方法，称为"开带从平方法"。而且《九章算术》还指出了存在开不尽的情况：若开之不尽者，为不可开，当以面命之。

几何方面

《九章算术》展示了几何体的面积、体积的公式。

例如，刍童的体积公式为 $V = \dfrac{h}{6}[(2b+d)a+(2d+b)c]$

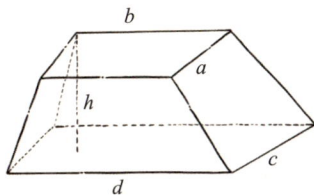

羡除的体积公式为 $V = \dfrac{1}{6}(a+b+c)hl$

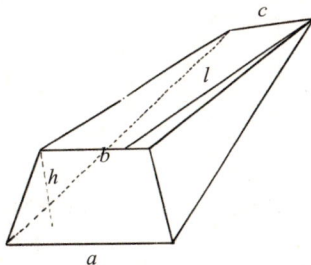

上、下底为长方形的棱台

3 个侧面为梯形的楔形体

《九章算术》将几何问题算术化和代数化。

例如：

问：今有邑方不知大小，各中开门，出北门二十步有木，出南门一十四步，折而西行一千七百七十五步见木，邑方几何？

答：二百五十步。

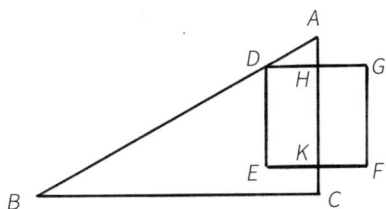

"勾股"一章中的解法相当于解一个二元一次方程。

如图所示，$DEFG$ 是一座正方形小城，北门 H 位于 DG 的中点，南门 K 位于 EF 的中点，出北门 20 步到 A 处有一树木，出南门 14 步到 C，再向西行 1775 步到 B，正好看到 A 处的树木（即点 D 在直线 AB 上），求小城的边长。

刘徽与《九章算术》

刘徽（约 225 年—约 295 年），魏晋时期杰出的数学家，是我国古代数学理论的奠基人。他曾从事过度量衡考校工作，研究过天文历法，还进行过野外测量，但是他主要进行数学研究工作。他反复地学习和研究了《九章算术》。263 年，也就是距今 1700 多年前，他就全面系统地为《九章算术》加了十卷注解，这些注解包含了他的许多天才性意见和补充，这是他一生中取得的最大的成就。

刘徽对中国古代数学的最大贡献是发明了"割圆术"。他通过精密计算否定了前人在《九章算术》中将圆周率取作 3 的做法。他认为这是极不精确的。于是，经过批判与总结数学史上各种旧的计算方法，他创造出了一种崭新的方法，利用圆内接正多边形的周长去无限逼近圆周以求取圆周率，这就是"割圆术"。

刘徽从圆内接正六边形开始，使边数逐次加倍，做出正十二边形、正二十四边形……依次计算出它们的面积，这些结果将逐渐逼近圆的面积，这样就可以求出越来越精准的圆周率的值。

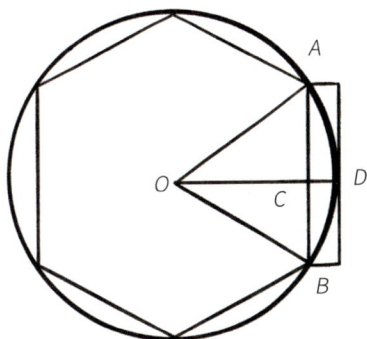

刘徽割圆术示意图

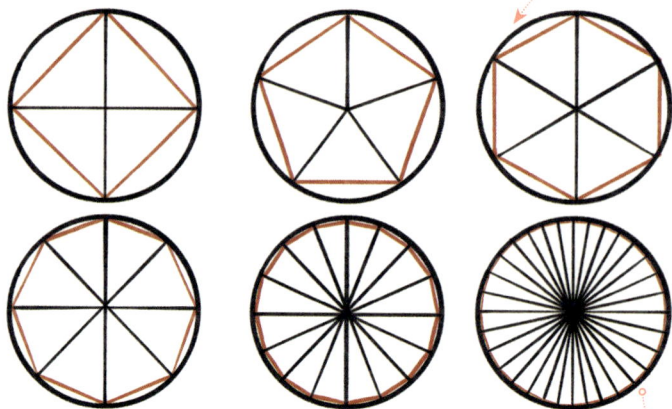

割之弥细，所失弥少，
割之又割，以至于不可割，
则与圆合体而无所失矣。

意思就是说，把圆周分得越细，即
圆内接正多边形的边数越多，用正
多边形的面积去代替圆的面积，误
差就越小。

不断地分割下去，让边数不断地增
加，那么边数无限多的圆内接正多
边形的面积就与圆的面积相近。

祖冲之在"割圆术"的基础上继续
发展，求得了更精确的"圆周率"。

《九章算术》有多伟大？

它是世界上最早系统叙述了分数运算的著作，是世界上最早提出"盈不足"算法的著作。它在世界数学史上首次阐述了负数及其加减运算的法则。

早在隋唐时期，《九章算术》就已经传入朝鲜、日本，有一些知识甚至还传播到了印度、西亚、欧洲等地区。

3.2.3 祖冲之和圆周率

祖冲之（429年—500年），南北朝时期的数学家、天文学家，字文远，范阳郡遒县（今河北涞水）人。他最大的成就体现在数学、天文历法、机械制造 3 个领域，其中以计算出圆周率小数点后 7 位数最为著名。他曾写过数学专著《缀术》，这本书在唐朝的时候被定为国子监算学课本（即教科书），不过很遗憾的是，这本书后来失传了。

圆周率，一般以希腊字母 π 表示，被定义为圆的周长与直径之比，是精确计算圆周长、圆面积、球体积等的关键。我国的数学家们很早就开始研究圆周率了。

祖冲之

在公元前 1 世纪的《周髀算经》里，就有"周三径一"的记载，也就是 π = 3。

东汉时期，张衡认为，π=$\sqrt{10}$ ≈ 3.16。

三国时期，刘徽算出，π=157/50=3.14，后来又算出，π=3927/1250=3.1416。

祖冲之的计算结果远远超越了刘徽，他算出 π 在 3.1415926 与 3.1415927 之间，这是世界上最早的被精确计算到第 7 位小数的 π 值。

15 世纪的阿拉伯数学家阿尔·卡西和 16 世纪的法国数学家维叶特才在 π 的计算方面超过了他。

祖冲之还用两个分数值来表示圆周率：约率 π=22/7 ≈ 3.14，密率 π=355/113 ≈ 3.1415929。

直到 16 世纪，德国数学家奥托和荷兰工程师安托尼兹才得出与祖冲之所算相同的密率。

这就是说，祖冲之不论是对圆周率的计算，还是对圆周率的密率的提出，都比外国科学家早了约 1000 年——这正是祖冲之对中国古代数学的卓越贡献。

至于祖冲之是用什么办法推算圆周率的值的，已知的史书上没有记载，他的神奇算法也成为千古之谜。后世科学家推测，祖冲之使用了"穷竭法"。相传，祖冲之为了计算圆周率，在自己的书房的地面上画了一个直径为 1 丈的大圆，然后制作这个圆的内接正多边形，一直做到正 12288 边形，再一个一个地计算出这些多边形的周长。那个时候的数学计算用的还是算筹。后来他又算出了圆的内接正 24576 边形的周长等于 3 丈 1 尺 4 寸 1 分 5 厘 9 毫 2 丝 6 忽，还有余，因而得出圆周率的值就在 3.1415926 与 3.1415927 之间。

在那个还依靠毛笔和算筹进行计算的时代里，祖冲之测算圆周率的艰难程度可想而知，现在的人都觉得不可思议。现代人采用计算机来计算圆周率，计算得出的结果已经达到了小数点后几百万亿位，事实证明，圆周率是一个无限不循环小数。

3.2.4　杨辉三角

杨辉三角是二项式系数在三角形中的一种集合排列，被记录在南宋数学家杨辉所著的《详解九章算法》一书中。在欧洲，帕斯卡在 1654 年发现了这一规律，所以这个表又被叫作帕斯卡三角形。帕斯卡三角形的发现要比杨辉三角的发现晚约 400 年。

杨辉三角

我国古代数学的杰出研究成果之一，它把二项式系数图形化，将组合数内在的一些代数性质直观地从图形中体现出来，是一种离散型的数与形的结合。

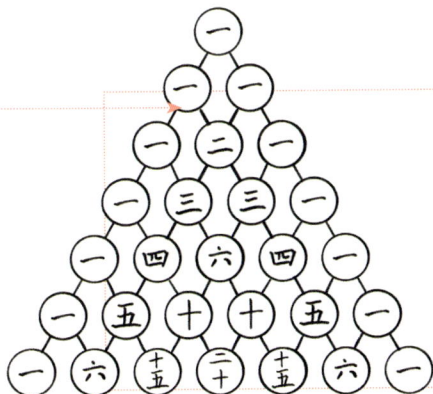

杨辉（约 1238 年—1298 年），字谦光，南宋钱塘（今浙江杭州）人。他所著的《详解九章算法》一书中记录了如左图所示的三角形数表，他将其称为"开方作法本源图"，并说明此数表引自北宋贾宪的《释锁算书》（约成书于 1050 年），且绘制了"古法七乘方图"。

杨辉三角究竟有什么奇妙的地方呢？下面举一些简单的例子。

①最外层的数字始终是 1。

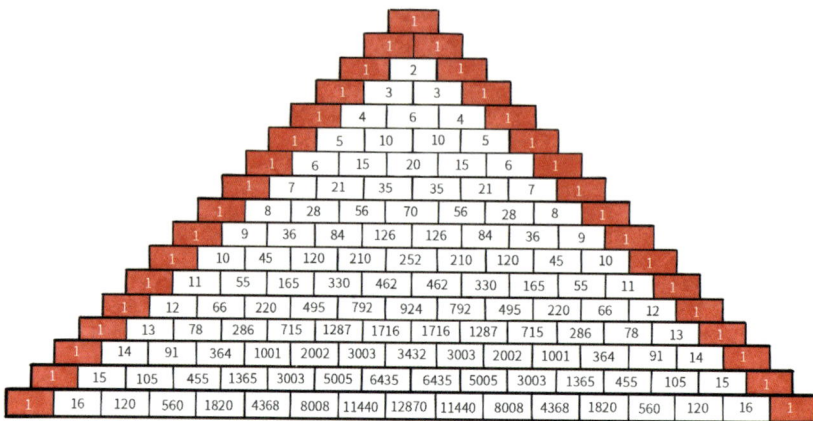

②第 2 层是自然数列。

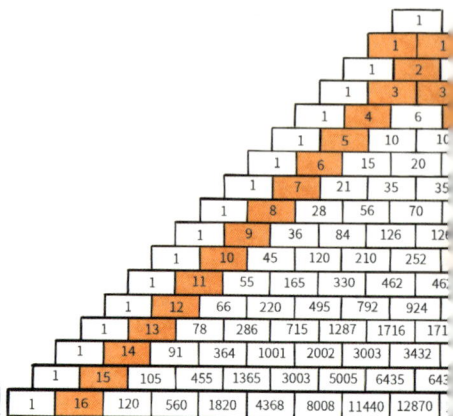

④三角数列相邻数字相加可以得到方数数列。

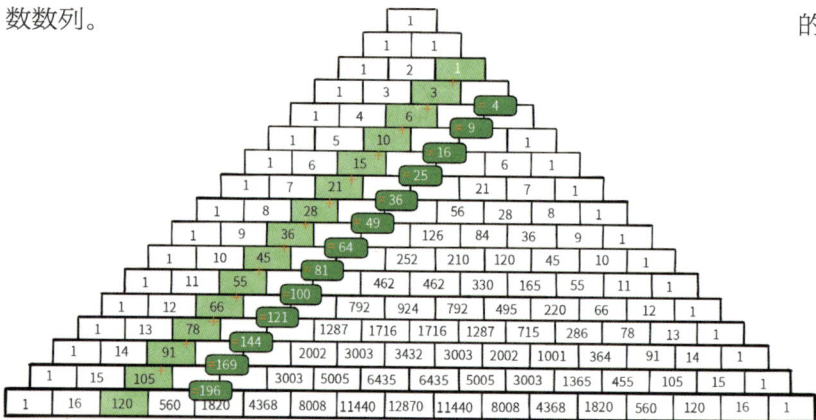

⑤每一层的数字之和是一个 2 倍增长的数列。

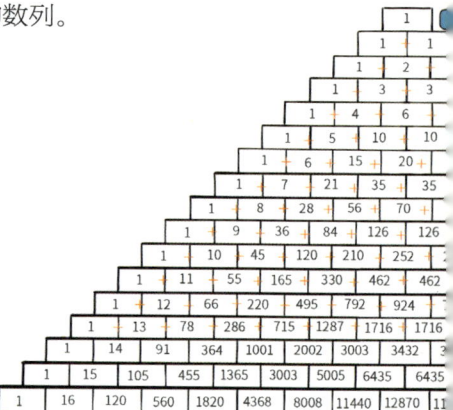

方数数列又是什么呢？就是这个数量的正方形可以组成另一个完美的正方形。

③第3层是三角数列。

三角数列是什么呢？就是这个数量的点或圆在等距离的排列下可以形成一个等边三角形，正如这张图所示。

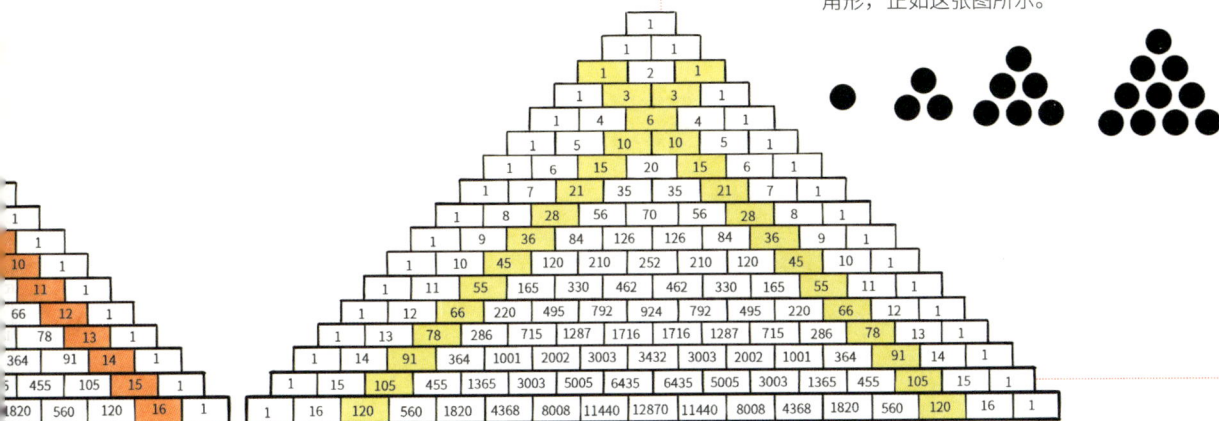

杨辉三角（部分左侧）：
```
          1
         1 1
        1 2 1
       1 3 3 1
      1 4 6 4 1
     1 5 10 10 5 1
    1 6 15 20 15 6 1
   1 7 21 35 35 21 7 1
  1 8 28 56 70 56 28 8 1
 1 9 36 84 126 126 84 36 9 1
1 10 45 120 210 252 210 120 45 10 1
1 11 55 165 330 462 462 330 165 55 11 1
1 12 66 220 495 792 924 792 495 220 66 12 1
1 13 78 286 715 1287 1716 1716 1287 715 286 78 13 1
1 14 91 364 1001 2002 3003 3432 3003 2002 1001 364 91 14 1
1 15 105 455 1365 3003 5005 6435 6435 5005 3003 1365 455 105 15 1
1 16 120 560 1820 4368 8008 11440 12870 11440 8008 4368 1820 560 120 16 1
```

⑥斐波那契数列。

如果按照一定的角度将直线上的数字相加，也可以从杨辉三角中找到斐波那契数列。

斐波那契数列是指从 0 和 1 两个数开始，每一位数始终是前两位数的和。

斐波那契数列（右侧）：1，1，2，3，5，8，13，21，34，55，89，144，233 ……

杨辉三角的奇妙之处不限于这些，它还存在着更多的奥秘，它是数学之美的集大成者，也是自然界和谐统一的体现。进入 21 世纪后，杨辉三角开始在编程中得到应用。这个由 700 多年前的古人整理而成的数学图表依然有着无限的活力，是古人留给我们的宝贵且巨大的知识财富，也展现了中国古代数学发展的辉煌成就。

第 4 章

格物致知：物理

图 / 解 / 中 / 国 / 古 / 代 / 自 / 然 / 科 / 学

4.1 什么是物理学

物理学是研究物质基本结构及物质运动的最普遍形式、最基本规律的科学。虽然古代的东西方世界都没有设立专门的物理学学科，但是物理与日常生活息息相关，古人们很早就积累了丰富而朴素的物理知识。中国古代物理学的成就或许超乎大家的想象。早在商周时期，古人就将"五行"（金、木、水、火、土）作为构成世界的基本物质，这是最早的关于物质组成的假说，"五行"具有朴素的元素概念。

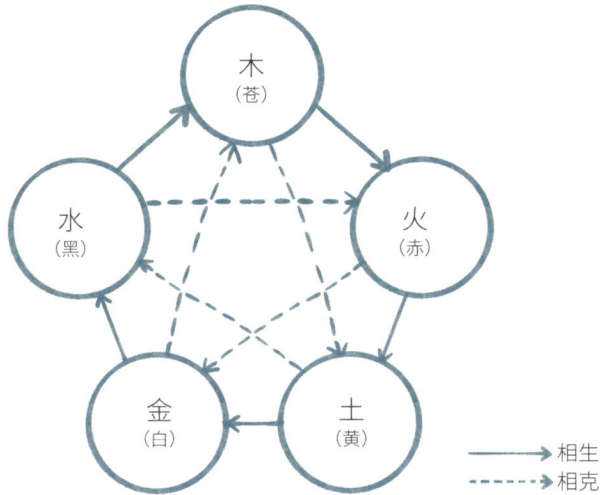

随后产生了"阴阳八卦"说，古人将八卦视为生成宇宙的元素，这是一种朴素的唯物主义观念。

纵观中国物理发展史，能与西方在同一时期相提并论的领域有力学、光学两个分支；在电磁学和热学方面，古代中国取得了远胜于西方的成就；在声学方面，特别是在乐律方面，古代中国更是成绩卓著。

4.2 力学

力学是研究力和机械运动的科学。力学知识源于古人对自然现象的观察和在生产劳动中积累的实践经验，并逐步发展为生产技术和朴素的自然哲理。在中国古代，力学的发展持续而缓慢。从历史上看，中国古代力学有3个发展高峰期：第1个是春秋战国时期，在力学的应用方面可以和古希腊相媲美，在理论方面则有些逊色；第2个是两汉到五代时期，简单机械逐渐发展成精巧的或者大型的联合机械；第3个是宋代，宋代的物理学取得了中世纪欧洲望尘莫及的成就。总的来说，中国古代并没有出现一部专门的力学著作，力学知识散见于各种书籍。但是古人在生产、生活实践中广泛运用了力学原理，力学知识的运用已经达到了很高的水平。

4.2.1 力

"力"这个概念的形成经过了漫长的时间，直到17—18世纪，物理学家才对它做出准确的定义。古代中国人很早就发现了"力"的存在，并对它做出了朴素的定义。

甲骨文中，"力"字像一件古代的翻土农具——耒（lěi）。耕田需要用力，这大概是当初造字的本意。

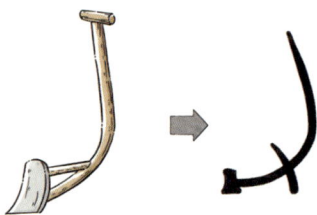

战国时期，墨家经典著作《墨子·经上》最早对"力"做出了定义，"力，刑之所以奋也。"意思是力是使物体开始运动或加快运动的原因。《墨子·经说上》还进一步将质量与力联系起来，"力，重之谓。下与重，奋也"，指出物体的质量也是一种力，并说明物体下落或被向上举时，都有力的作用。

"力"的种类多种多样，其中，古代中国人对惯性力和重力的认识值得称道。

和《墨子》同时代的《考工记》最早记录了惯性现象："劝登马力，马力既竭，辀（zhōu）犹能一取焉。"意思是在驾驶马车的过程中，即使马不再用力拉车了，车还能继续前进一小段路。这就是"惯性力"的作用。

对重力现象最早做出系统性描述的是《墨子》，"凡重，上弗挈（qiè），下弗收，旁弗劫，则下直。"意思是只要是重物，上面没有固定，下面没有支撑，旁边没有外力牵引，就必定垂直下落。这就是重力对物体作用的结果。

在力学中还有一条法则：一个系统的内力没有作用效果。值得一提的是，中国人发现这个规律的时间非常早！战国末期的法家著作《韩非子》最早提出了"力不能自举"的思想，"有乌获之劲而不得人助，不能自举。"据说乌获是秦武王宠爱的大力士，力气非常大，能够举起千钧（概数，一钧约为15千克）的物体，但是他却不能把自己给举起来，这就是"内力没有作用效果"的表现。

4.2.2 简单机械

物理学上把杠杆、滑轮和斜面称作简单机械。

杠杆原理的运用从原始社会就开始了，这是人们从实践中慢慢摸索出来的经验法则。

杠杆在中国的典型代表是秤的发明和广泛运用。

桔槔（jié gāo）同样是一种利用杠杆原理的工具。

秤

桔槔

在一根杠杆上安装吊绳作为支点，一端挂上重物，另一端挂上砝码或者秤砣，就可以称量物体的质量。在古代，秤被叫作"权衡"或"衡器"。

迄今为止，考古发现的最早的秤是在湖南长沙附近左家公山上战国时期的楚墓中出土的。

这是古代的一种取水工具，形式简单，却能大大降低取水的难度。

它是在竖立的架子上加上一根细长的杠杆，当中是支点，末端悬挂一个重物，前端悬挂水桶。一起一落，取水可以省力。当人把水桶放入水中，打满水以后，利用杠杆末端的重力作用，便能轻易地把水桶提出来。春秋战国时期，桔槔已经成为农田灌溉的常用工具。

《墨子·经说下》以桔槔和秤的工作原理为例，总结了杠杆的工作原理，提出了"本"（重臂）、"标"（力臂）、"重"等概念，论述了等臂杠杆和不等臂杠杆的平衡条件，并指出"挈，长重者下，短轻者上"。意思是杠杆的平衡不但取决于两个物体的质量，还与"本""标"的长短有关，可见在战国时期人们就已经意识到如何调节杠杆平衡了。

滑轮

滑轮在古代被叫作滑车，是一种省力装置。至少从战国时期开始，滑轮就在作战、提取井水等场景中被广泛应用了。

4.3 声与光

声与光是指物理学中的声学和光学。虽然物理学是在欧洲文艺复兴之后建立起来的自然科学体系，但是对物质的物理性质的认识在人类学会思考之后就开始了。最初的物理学便是人们对声、光、力等现象的简单且直观的认识，中国古代的声学和光学包含了古代中国人朴素的唯物主义思想及超前的创新观念，是中国古代物理学发展的集大成领域。

4.3.1 声学

在现代物理学中，声学是指研究机械波的产生、传播、接收和效应的科学。声音也是人类最早研究的物理现象之一，声学是物理学中历史最悠久而且当前仍然处在研究前沿的分支学科。中国古代的声学研究源远流长，并且在相当早的时期就发展到了很高的程度，这集中表现在各种乐器的制作方面。

古乐器制造

生活经验告诉人们，打击不同的物体会发出不同的声音，风吹入空腔的物体中也会发出各种声音。但是打击石头、泥土、木头等物体发出的声音不会持续很久，而风吹过空腔的物体发出的声音则可以持续较长时间，如狂风穿过空荡的山谷，呼啸之声连绵不绝，人被大自然的力量所震慑。这些现象激发了人们制造各种乐器的灵感。

中国制造乐器的历史可以追溯到史前时期。从新石器时代起，人们就开始制造乐器。先制造的是打击乐器，如鼓。鼓是最古老的乐器之一，它最开始的用途是为祭祀仪式上的舞蹈伴奏。《吕氏春秋·古乐》里面记载："有倕（chuí）作为鼙（pí）、鼓……"鼙和鼓都是古代的打击乐器，最早的制作方式应该是用瓦、陶做成框，蒙上兽皮，考古中就发现过这样的乐器。

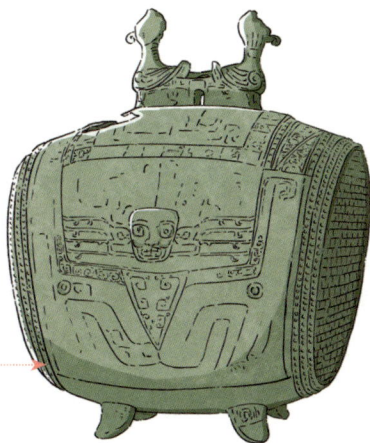

商代青铜夔（kuí）神鼓，鼓头上铸有一对凤鸟，下有四足，通体呈现绿漆古色，两面贴有鳄鱼皮，通高 82 厘米，71.1 千克，器壁厚度仅 3～5 毫米，它是代表了商代极高工艺水准的青铜器杰作。

其他的打击乐器，如磬、钟、铃等都在史前遗址中出土过。春秋晚期的《考工记》中详细地记载了钟的制造及其发声特征、调音技术，用编钟演奏音乐是中国古代的重要发明之一。

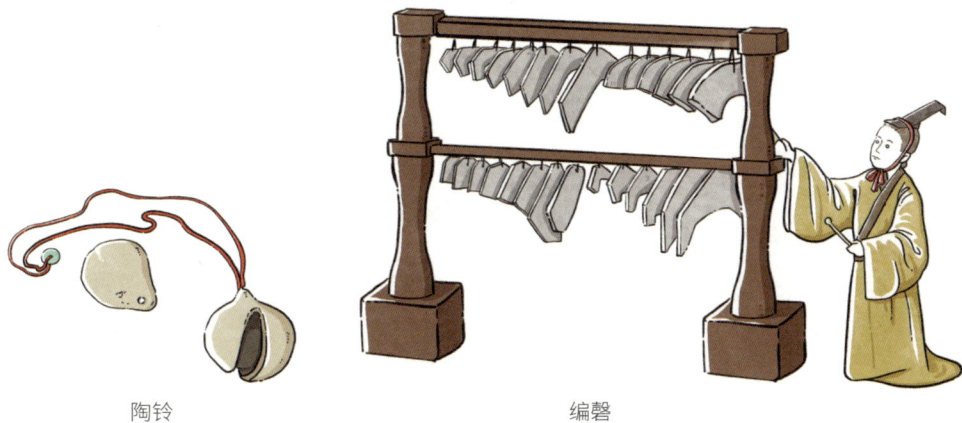

陶铃

编磬

最值得一提的是 1978 年出土的几组曾侯乙编钟，其精密性震惊世界，同时出土的还有其他乐器，如琴、瑟、编磬等。

曾侯乙编钟是迄今为止全世界最大、最重、保存最完整的青铜礼乐器。整套编钟共 8 组 64 件，分为钮钟和甬钟两种。这套编钟音域宽广，跨越 5 个半八度，只比现代钢琴少 1 个八度，并且还能演奏七声音阶，甚至拥有十二音律。更令人意外的是，每个编钟上面都写有 2 个音律名称，就像钢琴用黑白键表示不同的音律一样。曾侯乙编钟的任意一个钟，敲击其正面和侧面竟然可以发出 2 个不同的乐音且互相不干扰。

这样"一钟双音"的奇特音效使曾侯乙编钟在世界音乐史上拥有极高的地位。它表明我国早在春秋战国时期就已经应用了七声音阶，而这要比西方的钢琴早 1800 多年。曾侯乙编钟的发现证明了中国古代的声学研究和发明走在世界前沿。

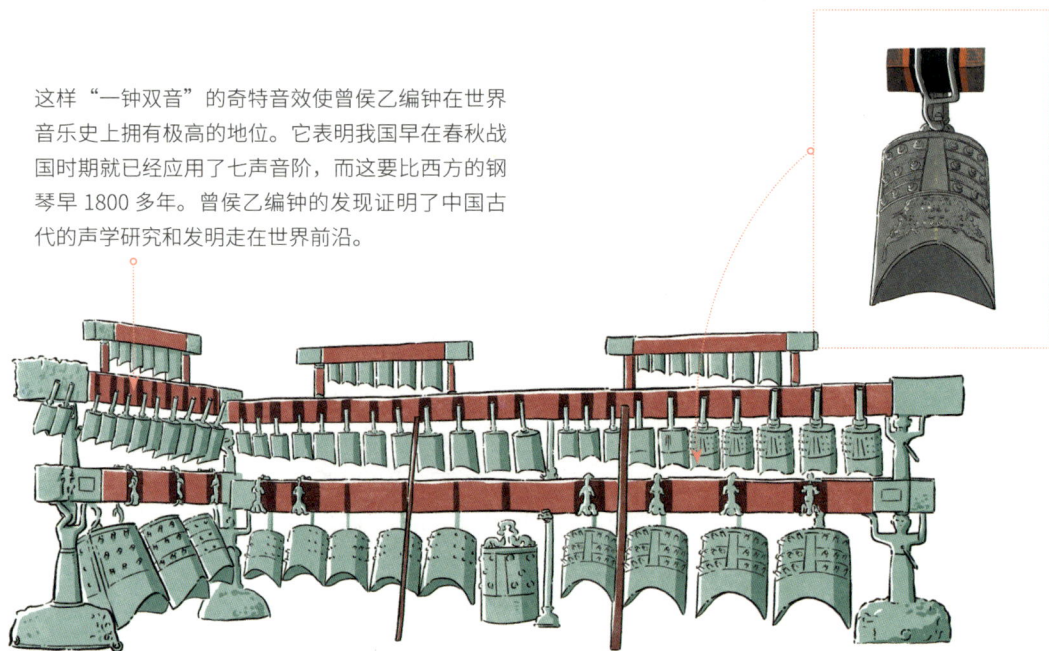

吹奏乐器也出现在新石器时代。人们需要经过长期的观察才能发现空腔的物体可以被吹响，如果人们制造出了能够吹响并发出不同声音的空腔乐器，就表明人们对声音与物体形状、材料的关系的认识已经达到了一定水平。相传，最早出现的吹奏乐器是竹管乐器，竹管乐器也是用来制定音律标准的乐器。考古中已经发现了许多新石器时代的骨笛。除了骨笛，考古发现的古代吹奏乐器还有陶埙（xūn）。根据陶埙的发音可知，中国原始社会晚期的人们就已经对音阶这一概念产生了一定的认知。

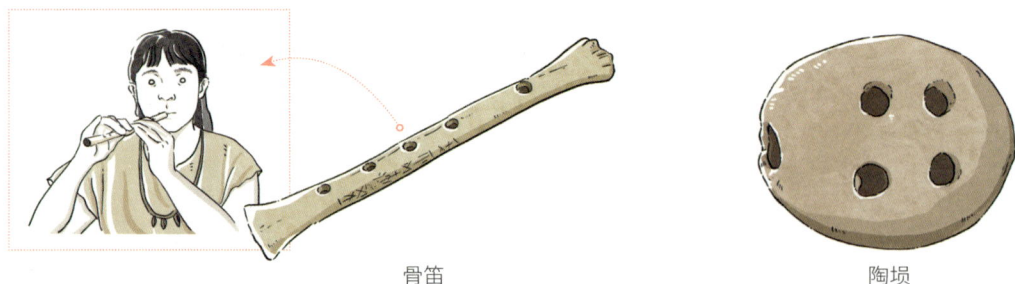

骨笛

陶埙

关于声学的理论研究

早在秦汉时期，就已经有人在研究声音的产生和传播现象了。东汉王充在他的著作《论衡》里面记载了声音的产生机理和其传播与媒介的关系。他发现："生人所以言语吁呼者，气括口喉之中，动摇其舌，张歙（xī）其口，故能成言。譬犹吹箫笙，箫笙折破，气越不括，手无所弄，则不成音。夫箫笙之管，犹人之口喉也，手弄其孔，犹人之动舌也。"这段话表明人要发声就必须动舌头，人要使笙、箫等乐器发声就要用手按动它们的孔洞。

对于声音的传播，王充又发现："令人操行变气，远近宜与鱼等，气应而变，宜与水均。"他用水波的传播来比喻声音在空气中的传播，并且意识到空气是声音传播的媒介。

明代宋应星在《天工开物》的《论气·气声七》中讨论了声音的产生原理和传播现象。他认为有形的物体冲击空气使其振动而发出声音，并且声音的大小、强弱取决于形、气之间冲击的强度。和《论衡》类似，《论气·气声七》里也说道："物之冲气也，如其激水然。气与水，同一易动之物。以石投水，水面迎石之位，一拳而止，而其文浪以次而开，至纵横寻丈而犹未歇。其荡气也亦犹是焉，特微渺而不得闻耳。"形象地说明了物体冲击空气而产生声音，声音在空气中传播的情形很像以石击水产生的水波扩散的情形。

对共振现象的认识

共振是物理学中一个使用频率非常高的专业术语，当一个物理系统在周期性外力（强迫力）作用下发生受迫振动时，如果外力的频率同系统的固有振动频率接近或相等，受迫振动就会达到极大值，这种现象就叫作共振。

早在前4世纪到前3世纪之间，古代中国人就发现了共振现象的存在。

《庄子》记载了中国古代的乐器瑟的各弦间发生的共振现象。

"于是乎为之调瑟，废一于堂，废一于室。鼓宫宫动，鼓角角动，音律同矣！夫或改调一弦，于五音无当也，鼓之，二十五弦皆动，未始异于声而音之君已！"

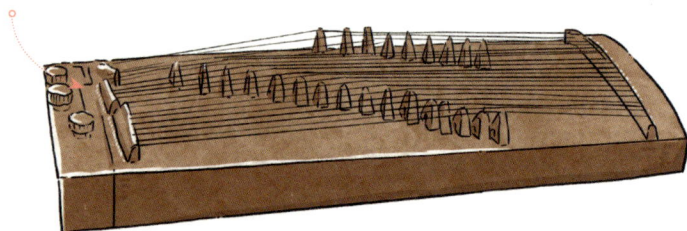

瑟

"宫、商、角、徵（zhǐ）、羽"是古人使用的音阶阶名，类似现在简谱中的1（Do）、2（Re）、3（Mi）、5（Sol）、6（La）。当在高堂明室中放上一具瑟进行调音时，人们发现，弹动某一宫音弦，别的宫音弦也在动，弹动某一角音弦，别的角音弦也在动。如果改调一根弦，使它发出的音和五音中的任何一种都不相同，再弹这根弦时，瑟上的二十五根弦都会动。

这就是早期古人通过调瑟实验发现的基音和泛音的共振现象，这在声学史上是了不起的成就。

北宋的沈括在他的《梦溪笔谈·补笔谈·乐律》里记载了演示共振的实验：先将琴或瑟的各弦按平常演奏需要调好，再剪一些小小的纸人夹在各弦之上。当弹动不夹纸人的某一弦线时，凡是与它共振的弦线，其上的纸人都会跳跃和颤动。这个实验比西方同类实验要早几个世纪。

4.3.2　光学

　　光学被公认为中国古代物理学中发展较好的学科之一，中国古代光学的发展可以追溯到战国初期，在漫长的发展历史中，包括墨翟（dí）、王充、沈括等在内的科学家在光学领域取得了重要成就。阳燧（suì）的制造、影的形成、小孔成像、平面镜、凸面镜、凹面镜的出现都要早于世界上的其他国家。

对"火"的认识

　　太阳光是人类生存的基本要素，早在远古时期，人类已经对太阳产生了崇拜。太阳和月亮是明亮的象征，"明"字就是由它们构成的，从文字的构造也能发现古人已经认识到大地的光照与太阳之间的关系。

　　火的创造和利用是人类文明史上的一次革命，甚至直接影响了文明进程。在我国新石器时代的窑洞遗址中，已发现多处火苗状烧土，这些烧土是古人用火的遗迹。甲骨文中"光"字的结构就是"从火，在人上"，象征人类高举火把。由此可以看出，古人眼里的"光"就是火焰散发出的光。

甲骨文"明"　　　甲骨文"光"

　　"钻木取火"被认为是最古老的生火方式，早在文字被发明之前，人类就已经使用这种方式生火、照明、取暖，还留下了"燧人氏发明钻木取火"的传说。

阳燧

西周初期，在认识和利用太阳光的基础之上，人们发明了阳燧，这是人类在"火"的创造上的一次伟大发明。

　　阳燧是一种凹面的铜镜，用它对着太阳，太阳光就会聚集到内部，在离镜面一两寸（1寸约合3.3厘米）的地方，光会聚成一点，像芝麻粒那么大，如果易燃物放在这一点上，就会燃烧起来。可见，阳燧取火的原理就是凹面镜的聚光原理。

烽燧

古人还将"火"运用在军事通信领域，发明了有名的"烽燧"。

　　烽燧的原理是以火光和燃烧后的烟雾为信号向远方的友军传递信息。从春秋战国时期起，烽燧就在古代边疆防御体系上起到了重要作用。试想一下当发现敌情的第一墩烽燧燃起烟火，到第二墩、第三墩，依次传递，一路将敌情由边疆传递到国都，是多么壮观的景象！烽燧通信方式可以说是古人发明并在历史上沿袭了几千年的无光缆发光通信方式。

小孔成像

古人发现并创造火后，它便成为人们长期利用的人造光源，后来人们创造了油灯、蜡烛等，也都是在依靠火源照明。在漫长的岁月里，人们通过对光的观察，发现光沿着密林树叶间隙射到地面的光线形成射线状的光束，透过小窗进入屋内的光线也是这样的。大量的观察使人们认识到光是沿直线传播的。

为了证明光的这一性质，大约 2500 年前我国杰出的科学家墨翟和他的学生做了世界上第一个小孔成像的实验，解释了小孔成像的原理。虽然他讲的实际上并不是成像而是成影，但是原理是一样的。墨翟和他的学生是怎么做的实验呢？

他们在一间黑暗的小屋，在朝阳的墙上开一个小孔，人对着小孔站在屋外，屋里相对的墙上就出现了一个倒立的人影。为什么会产生这种奇怪的现象？《墨子》里进行了解释。

这是对光沿直线传播的第一次科学解释。

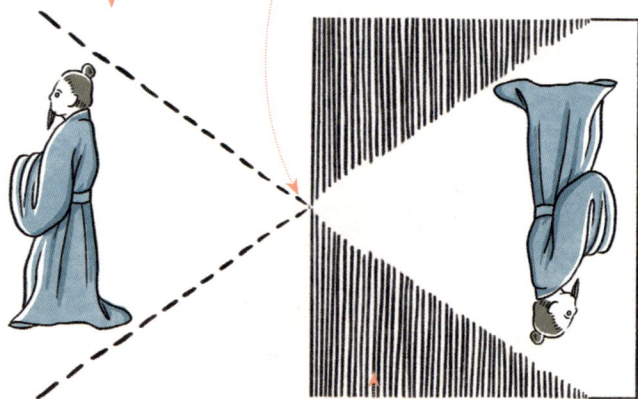

这段文字指出了小孔成像的现象及性质，光线通过小孔形成倒立的像，倒像的大小取决于小孔的位置。光向人照去，犹如箭射过去，通过小孔成的像，人的下部在高处，人的上部在低处。这是因为足部遮蔽了下面来的光，所以成像在高处，头部遮蔽了上面来的光，所以成像在低处。

《墨子》里面是这样记录小孔成像的：
"景到，在午有端，与景长，说在端。"
"景，光之人，煦若射。下者之人也高，高者之人也下。足蔽下光，故成景于上。首蔽上光，故成景于下。在远近有端，与于光，故景库内也。"

元代赵友钦进一步考察了日光通过墙上孔洞所形成的像和孔洞之间的关系。他设计了一个实验，通过改变孔的大小、光源强度、像距、光源距离、孔的形状来得到不同的实验结果，最后得出了"小孔的像和光源的形状相同、大孔的像和孔的形状相同"的结论，并指出这个结论是"断乎无可疑者"。

他的实验在整个世界光学史上有重要的意义，这是中国古代最接近近代物理实验思想和方法的大型实验，实验目的明确、设计合理、规模宏大，这在当时的世界上是绝无仅有的。

在楼下的两间房子的地板中各挖两个直径为 4 尺（1 尺约合 0.3 米）多的圆井，左井深 4 尺，右井深 8 尺，在右井里放置一张 4 尺高的桌子，这样两口井的深度就相同了。

做两块直径为 4 尺的圆板，板上各插 1000 多支蜡烛，点燃后，一块圆板放在左井井底，一块圆板放在右井内的桌上。

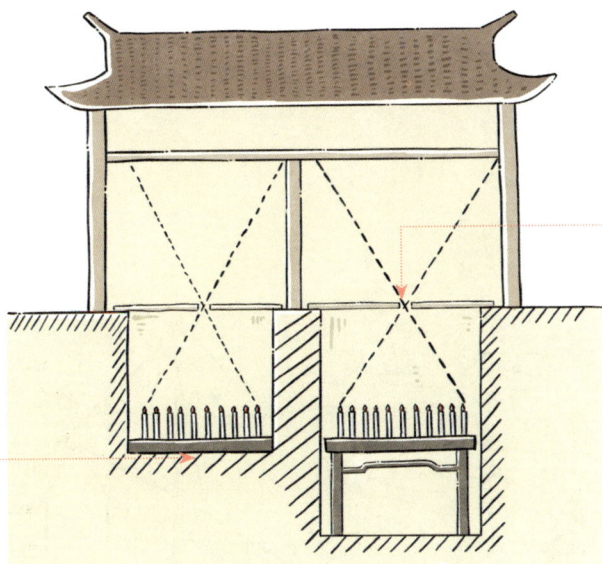

在两个井口各盖一张直径 5 尺、中心开小方孔的圆板，右圆板的方孔宽 1 寸左右，左圆板的方孔宽 0.5 寸左右。

这时可以看到楼顶天花板上出现的都是圆像，只是孔大的比较亮，孔小的比较暗。

反射镜成像

爱美之心人皆有之，从原始社会起，人们就开始关注自身仪表形象了。在镜子被发明之前，人类通过水面上的倒影来观察自身形象。陶器出现之后，就有了"水监"，即在"监"里面装满水就能映照物体，这就是早期的"镜子"。

甲骨文"监"字的造型就是一个人对着水盆观看自己的面部。

传统的中国铜镜，镜面平整光滑，镜背有纹饰、图案、文字，并铸有钮，以便悬挂或者插植。《诗经·邶风》里面写道："我心匪鉴，不可以茹（rú）。"意思就是说我的心不是镜子，不能一照都留影。这具象地反映了光学知识和光的物理性质。

墨家最早发现镜面对称的物理知识，他们通过实验认识到，平面镜只有一个不变的像，这个像的形状、颜色、远近、斜直程度都和阴影不一样，人走近镜子，像也走近，人离开镜子，像也离开，人与像的移动方向总是相反的。

最早大约在前 2000 年，铜镜就已经出现了。

古人巧妙地利用平面镜的反射原理发明了类似潜望镜的镜子。它的用处是，人们不必出门，坐在庭院内便可以窥视院墙外的情景。

古人安装"潜望镜"的方法也很简单：在院墙之上高悬一面大镜，院内放一个盛水的盆。对盆看影，则"坐见四邻"（刘安《淮南万毕术》）。这是已知世界上最古老的开管式潜望镜，也是现代潜望镜的始祖。

无论是平面镜还是球面镜，都遵循着光线反射定律。古代中国人对各种镜面成像现象做了许多探讨，取得了同时期古代西方人没有达到的成就。

透镜成像

大约在汉晋时期,古代中国人就拥有了透镜折射的知识,发现了透镜有聚焦点火的功能。西晋张华在《博物志》里写道:"取火法,如用珠取火,多有说者,此未试。""珠"相当于凸透镜。明代方以智在《物理小识》里面引用他的座师杨用宾的话,指出了透镜光路变化,"凹者光交在前,凸者光交在后。"用现在的话说就是:凹透镜是发散透镜,因而光线相交于镜前,相交处就是虚焦点;凸透镜是会聚透镜,因而光线相交于镜后,相交处为实焦点,在此可以点燃引火物。

发现透镜可以点火后,人们便用冰制作了冰透镜来点火,这是古代中国独特的光学成就之一。古时候的透镜我们或许很陌生,但现在的透镜——放大镜我们就很熟悉了。

放大镜本质上就是一个凸透镜,因此放大镜被拿到阳光下聚焦点火就是利用了透镜折射的原理。

放大镜是什么时候被发明的呢? 已知的文献表明,最晚在 11 世纪,放大镜就已经在中国出现了。北宋晚期刘跂在他的《暇日记》里面记载,在阳光下或光线稍微好一些的地方,只要将小小一片水晶凸透镜放在书的上面,就可以鉴别出不清晰的文字。这就是凸透镜的放大作用在实践中的应用。

4.4　电磁学

古代中国对电和磁的知识积累与技术成就在世界物理学发展史上占有十分重要的地位。古代中国在雷电、静电、静磁学等方面的知识及在罗盘的制造方面远远走在古代西方前面。古代的中国人除了用传统的方式解释磁体极性、磁偏角,还基于对尖端放电现象的观察和研究发明了避雷器,将其放置在高大建筑的顶端可以有效防止雷击。磁的研究和利用对古代中国的生产、军事、航海、测量等技术的发展起到了重要的推动作用。

4.4.1　摩擦起电

　　静电是人类最早发现的电磁学现象。在古代中国，发现静电现象的最早记载要追溯到西汉时期成书的《春秋考异邮》，里面记载着"玳瑁吸裸（ruò）"，玳瑁是类似海龟的一种海洋爬行动物，它的甲壳也被称作玳瑁，裸就是草屑一类的轻小物体。这说明古人很早就发现玳瑁会将草屑等物体吸附在它的表面上，这就是静电现象。

　　很多古书里也有类似的记载，如明代医学家李时珍发现琥珀可以吸引干燥的芥子（一种中医药材），他说："琥珀拾芥，乃草芥，即禾草也。"可以看出，古人通过对吸引现象的观察将电和磁并列为一种现象，这是后来电磁学的思想先导。在古代西方，电和磁还是被分开认知的。

　　除了玳瑁，古人还发现了毛皮、丝绸和其他多种物质间的静电现象。静电现象是怎么被发现的呢？这要依赖于静电产生的火花和放电声音。西晋张华在《博物志》中记载了一段故事：他发现梳头发和脱衣服时，梳子和衣物上会有火花和声响。这种情况就是梳头发和脱衣服时发生了静电放电现象。

　　明代哲学家、科学家方以智认为所有布料都能摩擦起电，他写道："青布衣，大红西洋布及人身之衣，气盛者皆能出火。"这个论断是完全正确的，是那个时代人们对摩擦起电的一种解释。

4.4.2　雷电

中间的曲线是打雷时伴随而来的闪电，用圆形表示雷的响声。

甲骨文"雷"

甲骨文"电"

通过甲骨文"雷"和"电"两个字的外形可以看出，早在殷商时期，古人就将雷和电看作两种自然现象。

西汉的《淮南子》一书中记载"阴阳相搏为雷，激扬为电"，它以阴阳二气摩擦与碰撞的激烈程度来区分雷电。东汉王充曾经论证过雷的本质是火，他在《论衡·雷虚》里写道："雷者，火也……"他分别举了几个例子，例如，人被雷击中后头发会烧焦，被雷击中的草木屋会燃烧，打雷时的电光很像闪耀的火光等，这些都是科学的证据，是对雷电的朴素认知。

尖端放电是在强电场作用下，物体的尖锐部分发生的一种放电现象。古人对尖端放电和大气电现象早有研究，汉代时就有长兵器尖端在大气电场中放电的记载。

西晋永兴元年（304年），成都王发动叛乱，进攻长沙，在邺城驻扎兵马，"是夜，戟锋皆有火光，遥望如悬烛，就视，则亡焉。"

元至正二十一年（1361年）发生的尖端放电现象被记录下来："石州大风拔木，六畜皆鸣。人持枪矛，忽生火焰，抹之即无，摇之即有。"

这些都是古人发现的大自然中的尖端放电现象。明代方以智在《物理小识》里面总结了这一现象，将尖端放电解释为类似于雷电之气的"磷光"，这个说法无疑充满了唯物主义精神，远远胜过同时期的西方人将其归纳为神迹的说法。

古代中国不但对雷电的认识领先于世界，而且在直击雷防护技术上也是领先者。

唐代的《炙毂（zhì gǔ）子》一书中记载了这样一件事：汉代时柏梁殿遭遇火灾，一位巫师建议，将一块鱼尾形状的铜瓦放在屋顶上，就可以防止雷电引起天火。屋顶上设置的鱼尾形状的铜瓦实际上兼作避雷之用，可以认为是现代避雷针的雏形。

为了防雷避火，古人在建筑设计上也是用心良苦。

在建于明代的紫禁城中，一些尖顶、锥形的建筑上出现了类似"避雷针"的设计，即由宝顶和屋架内的雷公柱组合而成的装置，其避雷原理如下：首先由宝顶接收雷电，然后由宝顶连接隐藏在琉璃瓦下的雷公柱，将电流引向地面。

4.4.3　磁石的应用

自然界中存在着具有一定永磁性的强磁体，主要是磁铁矿。

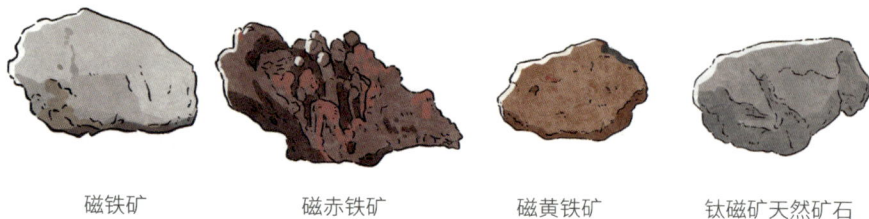

磁铁矿　　　　磁赤铁矿　　　　磁黄铁矿　　　钛磁矿天然矿石

在古代中国，它们被称为"慈石"，也就是今天我们常说的磁石。已知关于磁石的最早记载见于春秋战国时期的《管子·地数》，"山上有赭者其下有铁，上有铅者其下有银。一曰：'上有铅者其下有鉒（zhù）银，上有丹砂者其下有鉒金，上有慈石者其下有铜金。'此山之见荣者也。"这些知识后来还被矿产地质学家编成了口诀，对我国的矿产勘探起到了指导作用。

《山海经·北山经》中记载："匠韩之水出焉，而西流注于泑（yōu）泽，其中多磁石。"《鬼谷子》中记载："若慈石之取针。"《吕氏春秋》中记载："慈石召铁，或引之也。"

西汉时期，人们进一步认识到磁石只能吸引铁，而不能吸引其他东西，《淮南子》中记载："若以慈石之能连铁也，而求其引瓦，则难矣。"

古代中国不仅在认识磁石方面走在了世界前列，而且在应用磁石方面也走在了世界前列。

《鬼谷子》中记载："故郑人之取玉也，必载司南之车，为其不惑也。"这是已知磁石具有指示南北方向特性的最早记载。古人利用这种特性，通过琢玉工艺把磁石制成了光滑的磁勺，并把它放在刻着方位的铜盘上，这就是最早的指南器——司南。

为什么这些先秦时期的文献要把磁石称作"慈石"呢？
因为古人将磁石吸铁比作慈母爱子，所以称它为"慈石"。通过慈石的命名就能看出古代中国人早在先秦时期就已经认识到了磁石和它吸铁的性能。

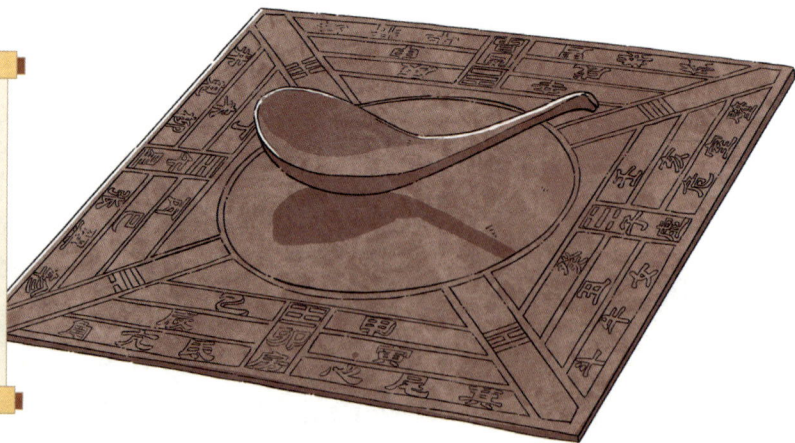

到了北宋时期，古代中国人率先发明了人工磁化技术，这是我国古代人民通过长期的生产实践和反复的试验发明的技术，是磁学和地磁学发展史上的一个飞跃。

北宋的《武经总要》中载有制作指南鱼的人工磁化技术，"鱼法，用薄铁叶剪裁，长二寸，阔五分，首尾锐如鱼形，置炭火中烧之，候通赤，以铁钤钤鱼首出火，以尾正对子位，蘸水盆中，没尾数分则止，以密器收之。"用现代物理学知识来看，这是一种借助地磁场的作用使铁片磁化的方法。也就是把铁鱼烧红，趁热夹出，顺着南北方向放置，即顺着地球磁场的方向放置，达到磁化的目的。接着把它放入水中，使它迅速冷却，将磁畴的规则排列较快地固定下来。"没尾数分则止"，就是让铁鱼正对北方的鱼尾略微向下倾斜，增强磁化的程度。

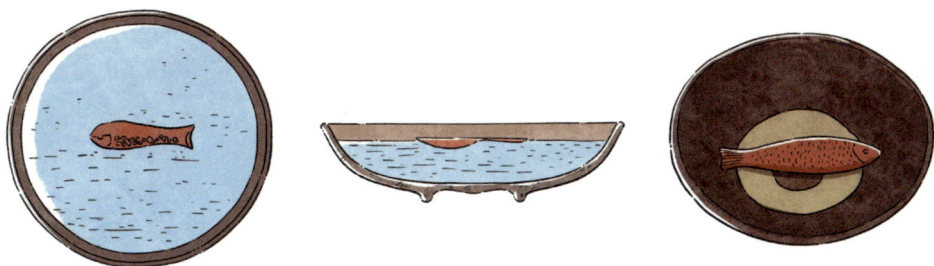

北宋沈括在《梦溪笔谈》中记载了另一种人工磁化技术："方家以磁石磨针锋，则能指南。"用现代物理学知识来讲，就是利用天然磁石的磁场作用使钢针内部的磁畴由杂乱排列变为规则排列，从而使钢针具有磁性。

上述两种人工磁化技术，尤其是用天然磁石磨钢针使其具有磁性的方法既简便又实用，在19世纪现代电磁体出现以前，几乎所有的指南针都是采用这些方法制成的。

除了指引方向，磁石在古代医疗、建筑、战争与生产等方面得到了广泛应用。其中，利用磁石治病的历史十分悠久，最早在战国初期就有使用案例。《周礼·天官》中写道："凡疗伤，以五毒攻之。"这里的五毒是指石胆、丹砂、雄黄、礜（què）石、慈石。战国至汉代，磁石已经成为中药成分之一。汉代的《神农本草经》是一本关于药物知识的总结性著作，曾称慈石："味辛寒。主周痹，风湿，肢节中痛不可持物，洗洗，酸消，除大热烦满及耳聋。"

相传在279年，凉州发生叛乱，晋武帝任命马隆为讨虏护军武威太守，统兵征讨叛将秃发树机能。马隆预先安排将士将大量磁石放置在一条狭窄的夹道上，命自己的将士们改穿犀甲，然后将叛军引诱进夹道。由于叛军身上的铁甲被磁石吸引，他们被限制在了夹道上，晋军趁机冲进去将他们一举击破，由此大获全胜。这是将磁石运用于战争的著名案例，也充分说明了我国古代人民的创新创造精神。

在相当长的一段时间里，古代中国在认识和应用磁石方面远远走在世界前列。

第 5 章

文明交流的使者："四大发明"及其他科学

5.1　四大发明

　　"四大发明"是指古代中国对世界产生了很大影响的四种发明，是中华民族的重要创造，即造纸术、指南针、火药、印刷术。这一说法最早由英国汉学家李约瑟提出并为后世所继承，人们普遍认为这四种发明对古代中国的政治、经济、文化的发展产生了巨大的推动作用，而且这些发明通过各种途径传至西方，也对世界文明的发展产生了很大影响。

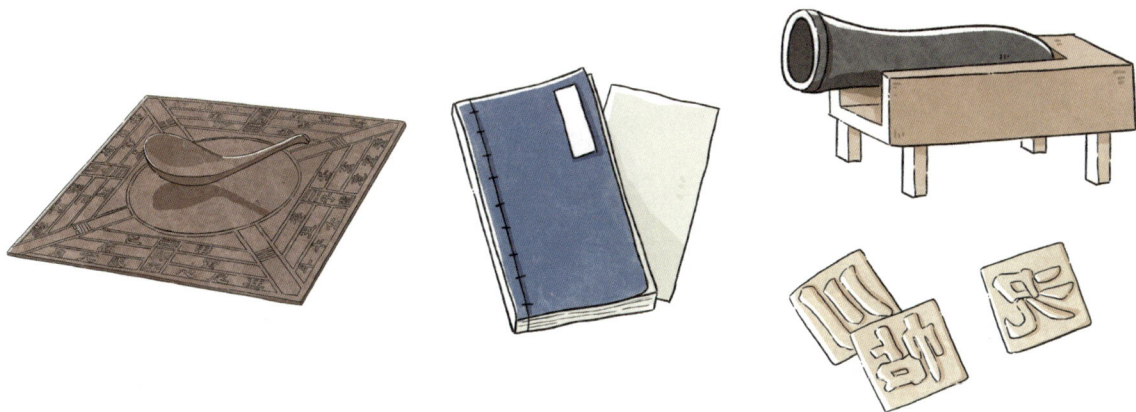

5.1.1　造纸术

　　纸是人们在生活、工作、学习中不可缺少的东西，我们用它书写、印刷、绘画或包装。中国是世界上最早发明纸的国家。造纸术是一项重要的工艺，纸的发明是中国历史上的一项重大成就，对中国历史产生了重要的影响，它也是中国在人类文化的传播和发展史上做出的一份十分宝贵的贡献。

　　纸被发明之前，文字被记录在龟甲、竹简或丝织品上，原料稀有、成本高昂，因此难以在民间普及，只有达官贵人才能使用。

考古发现，早在西汉时期，我国已经有了麻质纤维纸，但是这种纸质量粗糙，而且成本高，数量少，难以得到普及。东汉时期，蔡伦总结了前人经验，改进了造纸工艺，扩大了造纸原料的范围，用树皮、麻头、破布、旧渔网等为原料造纸。这种纸的质量提高了，原料容易被找到，又很便宜，逐渐得到普及。为纪念蔡伦的功绩，后人把这种纸叫作"蔡侯纸"。

蔡伦

（61年—121年）

（一说出生于63年），字敬仲，东汉桂阳郡（现湖南郴州一带）人。

蔡伦于汉明帝永平末年入宫给事，汉和帝继位后升任为中常侍，后兼任尚方令。蔡伦总结以往的造纸经验，革新造纸工艺，制成了"蔡侯纸"，并于元兴元年（105年）奏报朝廷，汉和帝下令推广他的造纸术。

蔡伦造纸流程

第1步：切麻。

造纸多用苎麻和大麻，这些植物的茎皮纤维长，而且坚韧，造出的纸不易破损。

第5步：舂（chōng）捣、打浆。

进一步捣碎纤维，形成纸浆。将捣碎的细纤维加水配成悬浮的浆液。

第 2 步：洗涤。

洗去杂质和部分汁液。

第 3 步：浸石灰水。

进一步除去原料中的果胶、色素、油脂等杂质。

第 4 步：蒸煮。

除去杂质的同时，使原料分散成纤维状。

第 6 步：抄纸。

这是造纸过程中技术含量最高的一道工序。用带框架的竹帘抄起纸浆，形成纸胎，滤掉水分。要保证纸浆分布均匀，疏密有度，这样制造出的纸张才能厚薄一致、富有张力。

第 7 步：晾晒、揭纸。

让纸张迅速脱水，快速成型。将晒干的纸一张张拿下来，到这一步，纸就造好了。

造纸术的改进

经蔡伦改进后制造出来的纸在东汉时期已经从中原地区传到新疆、甘肃等地，不仅官府在使用，民间也在广泛地使用。纸已经成为缣（jiān）帛、简牍的有力竞争者。东晋末年，朝廷首次下令正式使用黄纸代替竹简。黄纸就是经过再加工的麻纸，寿命比麻纸更长、防虫蛀效果更好。纸很快成为当时主要的书写材料，并且慢慢有了比较标准的生产规格。到了 3—4 世纪，纸已经基本取代了帛和简，成为当时主要的书写材料，有力地促进了科学文化的传播和发展。

魏晋南北朝时期，人们又根据实际使用需求不断革新造纸技术，当时的造纸在产量、质量或加工等方面都有提升，原料范围不断扩展，设备不断更新，出现了新的加工制造技术，产纸区域和纸的传播也越来越广，造纸名工辈出。

● 原料

除了原有的麻、楮（chǔ），原料又扩展到桑皮、藤皮，有时还包括其他一些树的树皮等。

● 设备

出现了活动的帘床纸模。这类模具由竹帘及木床架两部分构成，再用两根边柱使二者紧贴在一起，可合可拆。将二者合起时放入纸浆中捞纸，滤水后将竹帘取下并将其上的湿纸置于木板上；再将二者合起重新抄纸，取下竹帘并将湿纸置于上次抄出的湿纸上；如此重复，最后将叠在一起的湿纸压榨去水，再行干燥。这种可拆卸的抄纸器的优越性在于用同一模具可连续抄出成千上万张纸，提高了劳动生产率和设备利用率，抄出的纸紧薄而匀细。

● 加工制造技术

加强了碱液蒸煮和舂捣，改进了纸的质量，出现了色纸（以染料染纸提升美观性，比较普遍的是黄檗树的溶液，兼有防蛀作用）、涂布纸（以涂料涂刷在纸的表面，以解决纸张透印问题和改善平滑度，后来进一步将涂料加于纸浆中）、施胶纸（在纸张表面涂刷胶矾水以防止洇墨，改善光滑度）等加工纸。

帘床

竹帘

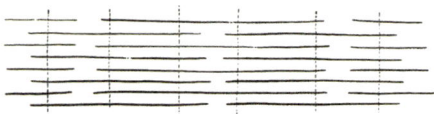

将黄檗（也称黄柏）捣烂熬取汁液，浸染纸张。因为被浸染的纸张多呈天然的黄色，所以被称为黄麻纸、黄纸，此纸多为当时抄写经书和官府文书所用。王羲之、王献之都爱用黄纸写字。除了黄纸，还有青、赤、缥、绿、桃花等色纸。

表面涂布是魏晋南北朝时期比较重要的纸张加工制造技术，即将白色矿物细粉（白垩土、石膏、滑石粉、石灰，后来又有瓷土或高岭土等）放入水中成为悬浮液，再与淀粉、水共同蒸煮（也可以用胶水），用排笔将它们涂刷在纸上，因为有刷痕，干燥后还要砑（yà）光。这样做既可以增加纸的白度和平滑度，又可以减少透光度，使纸面紧密，吸墨性好。

为了改善纸的性能，晋代已开始使用施胶技术，早期的施胶剂是植物淀粉剂，或刷在纸面上，或掺入纸浆中。这样处理可提升纸对水的阻挠能力，将纤维间的毛细孔阻死，改善纸浆的悬浮性。西凉建初十二年十二月（417 年）写本《律藏初分》的用纸就是采用施胶技术处理过的。

南北朝梁人萧察的《咏纸》生动形象地描述了当时纸张的洁白干净和记事用途，也反映了当时纸张在民间已经非常流行了。由于便于书写记事的纸张的大量出现，人们可以不用拿着厚重的简牍书写，因此纸张开始成为人们的基本书写材料，这也大大促进了文献资料的记录和科学、文化、宗教的传播。考古发掘表明，西晋墓葬或遗址中的出土文书虽然多用纸制成，不过仍存在简牍文书，但是东晋以后，便不再出现简牍文书，而全是纸质文书了。

晋初官府藏书以万卷计，著述之多引起了抄书之风的盛行，并且促进了书法艺术的发展和汉字字体的变迁。晋代以后由汉隶过渡到楷隶，最后形成现在通行的楷书，草书也因此得到发展。晋代能出现王羲之、王献之等杰出的书法家，在很大程度上归因于纸的普及。同样，在纸上作画也会产生良好的艺术效果。当时抄写佛教、道教的经书消耗了大量的纸。

过去用简牍书写时是将一片片简用皮条或绳扎起，连成一长串（册），再卷成一大捆。用纸书写时则将一张张纸用糨糊粘起来，再用小木轴卷起成为书卷，这样一卷纸可以容下几大捆简册所容之字，轻便实用，从而引起书籍形式的演变。用简册写成的一本书需要两个人抬起，用纸写成的一本书则可以轻松地放在衣袋中。

砑光

"皎白犹霜雪，方正若布棋。宣情且记事，宁同鱼网时。"

——南北朝梁人萧察
《咏纸》

101

造纸术的对外传播

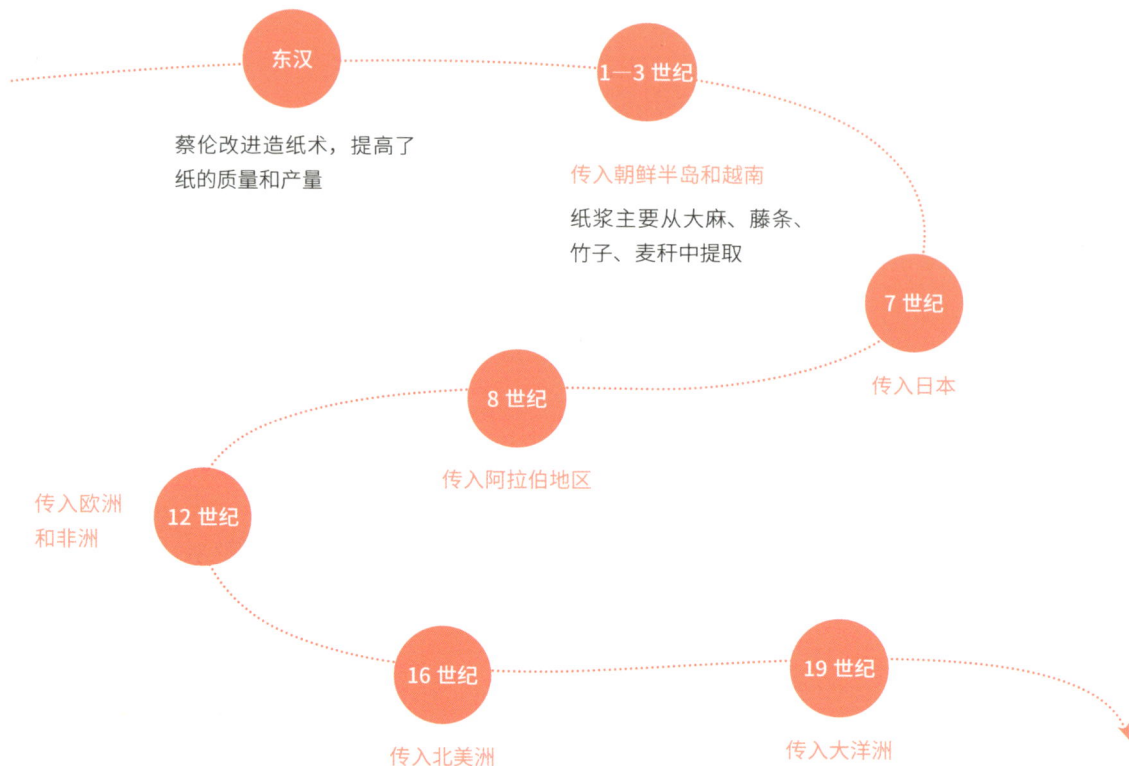

东汉
蔡伦改进造纸术，提高了纸的质量和产量

1—3 世纪
传入朝鲜半岛和越南
纸浆主要从大麻、藤条、竹子、麦秆中提取

7 世纪
传入日本

8 世纪
传入阿拉伯地区

12 世纪
传入欧洲和非洲

16 世纪
传入北美洲

19 世纪
传入大洋洲

造纸术被发明之后开始向外传播到世界各地，最早在汉文化圈，也就是周边各国内传播。首先传入的是与我国毗邻的朝鲜半岛和越南，之后传入日本。

在蔡伦改进造纸术后不久，朝鲜半岛和越南就有了纸张。朝鲜半岛上的国家先后学会了造纸术。大约4世纪末，百济在中国人的帮助下学会了造纸术，不久之后高丽、新罗也掌握了造纸术。此后高丽的造纸技术不断提高，到了唐宋时期，高丽的皮纸反向中国出口。

西晋时，越南也掌握了造纸术。

7世纪初，朝鲜和尚昙征渡海到日本，将造纸术传给日本摄政王圣德太子，圣德太子下令推广至全国，昙征本人后来被日本民众称为纸神。

造纸术传入阿拉伯地区是在8世纪。阿拉伯地区最早的造纸厂是由中国人帮助建造起来的，造纸术也是由中国人亲自传授的。10世纪时造纸术传到了叙利亚大马士革、埃及开罗与摩洛哥。欧洲人通过阿拉伯人了解到造纸术，最早接触纸和造纸术的欧洲国家是一度被阿拉伯人统治的西班牙。西班牙人移居墨西哥后，最先在美洲大陆建立造纸厂，墨西哥造纸始于1575年。美国于1690年在费城附近建立了第一家造纸厂，到19世纪时中国的造纸术已传遍五大洲。

5.1.2　指南针

指南针，顾名思义，是一种指向仪器，主要组成部分是一根装在轴上的磁针，利用磁针在地球中的南北指极性，可以自动保持指向，具有多种形式。在古代，指南针被称为"司南"，最早出现在战国时期，外形类似于汤勺，叫"司南之勺"，起初应用于祭祀、礼仪、军事、占卜和风水等领域。后来，指南针被渐渐运用到了航海上，并对海上贸易、地理发现起到了巨大的促进作用。

指南针是中国古代劳动人民在长期的实践中认知磁石磁性的结果，是理论与实践相互作用的成果，不仅对中华文明的发展起到了巨大的推动作用，在传入西方之后，还对世界航海活动与新大陆的发现做出了重大贡献。

指南针的原理

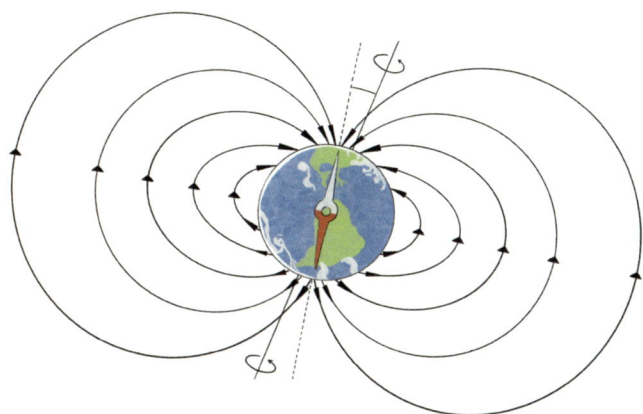

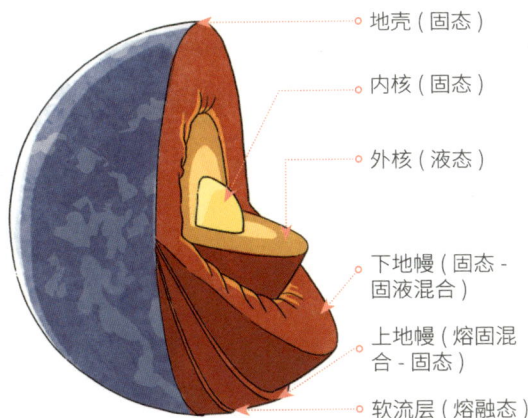

- 地壳（固态）
- 内核（固态）
- 外核（液态）
- 下地幔（固态 - 固液混合）
- 上地幔（熔固混合 - 固态）
- 软流层（熔融态）

地球是一个大磁体。地球的两个磁极分别在接近地理上的南极点和北极点的地方。当地球表面的磁体可以自由转动时，就会因磁体同性相斥、异性相吸的特性指示南北。

地球为什么有磁场？

指南针运作的科学基础是地球磁场，那么地球磁场是怎样形成的？关于这个问题有许多研究，众说纷纭。目前的主流观点认为地球的磁场是由"地核"产生的。根据地震的横纵波探测可以知道，地核分为内核和外核：横波可以在内核中传播，因此内核应该是固态的；横波无法在外核中传播，因此外核被认为是液态的。已知地核的主要成分是铁、镍等元素，并且在高温、高压条件下已经离子化了，所以地核内核固定，外核流动，就像一个旋转的"发电机"，源源不断地产生"电流"，从而形成了地球磁场。

指南针的出现

司南是指南针的前身，最早出现在距今 2000 多年的战国时期，并且在汉代得到了进一步的发展。司南的形状和之后的指南针完全不同，它是根据勺子的形状制成的。

司南的发明依托于当时人们对磁石的认识。根据《古矿录》的记载，用磁石指示方向的做法最早出现于战国时期的磁山。《鬼谷子》中记载："故郑人之取玉也，必载司南之车，为其不惑也。"对古代地理进行研究后发现，郑人的活动范围与其他古籍中记载的出产磁石的磁山都位于现在河北邯郸一带，也就是当时的邯郸文化圈内。

我国最早关于磁石的记载见于《管子·地数》："上有慈石者其下有铜金。"这里的"慈石"是磁石的古称，指的是磁铁矿。战国时期成书的《吕氏春秋》中也有"慈石引铁"的说法。《韩非子·有度》也记载，如果"东西易面而不自知"，应"立司南以端……"。这些文字记载都说明战国时期的古人已经发现磁石的南北指极性，并开始将这些特性应用到生产生活中。

古人依照勺子的形状将磁石的南极磨成勺子的柄，放在由金属制成的光滑底盘上，底盘上标出表示方向的纹路。这个磁勺子在底盘上停止转动时，勺子柄就会指向正南方。这就是公认的世界上最早的磁性指南仪器——司南。

司在这里就是"指"的意思。

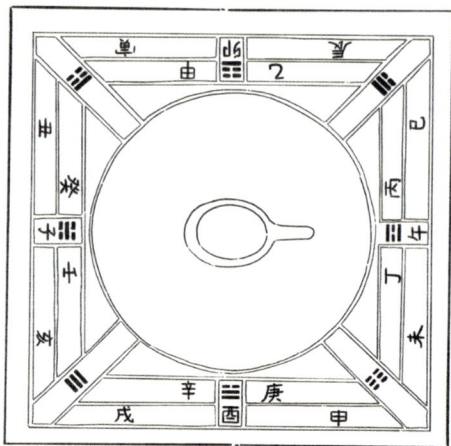

指南针的发展

现代社会中人们熟悉的指南针是在漫长的历史中慢慢创新、改进的结果，并且在不同的时期，以不同的形式出现。

司南使用天然磁石磨制，天然磁石的磁性不足，磨制的时候稍有不慎还会让本来就弱的磁性进一步衰弱，因而司南的成品率不高。唐代以后，官方和民间对"指南"的需求越来越大，当时的人们经过不懈的研究与实践，将磁石制作成了灵巧的铁鱼、磁针等，进一步提高了准确性和可靠性。

● 指南鱼

大约在北宋初年，我国创造出了一种新的指南工具——指南鱼。

和它的名字一样，指南鱼就是将薄铁叶裁剪成鱼形，鱼的腹部略微凹陷，侧面看像一条小船，磁化后浮在水面上就能指示南北。

北宋有一部著名的军事著作叫《武经总要》，其中讲到，行军的时候，如果遇到阴天或黑夜，无法辨明方向时，就应当让老马在前面带路，或者用指南车和指南鱼辨别方向。这说明成书的北宋庆历四年（1044年），我国已经有了指南鱼，并且在军事方面起到了极大作用。

使用指南鱼比使用司南要方便许多，它不需要做一个光滑的铜盘，只需要有一碗水。盛水的碗即使放得不平，也不会影响指南鱼的功能，因为碗里的水面是平的。而且，由于液体的摩擦力比固体小，转动起来比较灵活，所以指南鱼比司南更灵敏、更准确。

● 指南车

指南车和指南针其实是两种不同的东西，指南针利用地球磁场指示方向，而指南车是一种测量方向和距离的工具。因为它们都与方向、导航有关，因此这里一并对指南车进行简略介绍。

从原理方面来讲，指南车反映的其实是我国源远流长的机械工程技术。指南车是中国古代机械的代表之一。

指南车又称司南车，利用齿轮转动来指明方向，在行进时，车辆无论怎样转向，车上的小木人始终将手臂指向正南方。指南车主要作为帝王出行时的侍从车，在各种车辆、护卫、仪仗队之中先行。

指南车的发明时间较早。传说上古时期黄帝部落联合炎帝部落与蚩尤部落进行了一场大战，战争旷日持久，持续了3年，交锋几十次都没有分出胜负。蚩尤部落凭借先进的兵器制作技术占据了优势。而黄帝部落削木为枪、捆石成斧，很难抵挡蚩尤部落的铜制兵器。此外，天气也一直困扰着处于下风的黄帝和炎帝的联军，浓雾、大风和暴雨经常使联军迷失前进方向。

后来，黄帝凭借风后发明的指南车在大雾弥漫的战场上辨别方向，战胜了蚩尤部落，生擒了蚩尤。作战时黄帝利用指南车辨别方向，成为战胜蚩尤的关键。不过指南车到底是不是那个时候就已经有了，结构是什么样的，都无从考证。

学术界认定的最早的指南车由三国时期魏国的马钧创造，南北朝的祖冲之也参与改造过指南车。直到宋代，指南车及其样式才有了完整的资料。《宋史·舆服志》详细地记载了燕肃和吴德仁所造的指南车的结构和制造技术规范，成为世界制造史上十分宝贵的工程学文献。

因为指南车的内部结构常被视为重要机密，因此历史上很少有文献记载。宋代以前指南车经历了"失传，复原，再失传，再复原"的漫长历程，宋代以后指南车再次失传，此后再无此类车辆传世。

古代的指南车究竟是什么样子的？因为没有实物遗存下来，所以学者们只能依据古籍资料复原指南车的样式。

● 水浮磁针

据北宋科学家沈括的代表作《梦溪笔谈》记载："方家以磁石磨针锋，则能指南。"这说明最晚在北宋的时候，人们就开始利用磁化后的钢针来指示方向，至此指南针进入了使用磁针的阶段，与后世的指南针的形象越来越接近。因为便携和易制作，当时磁针在堪舆和航海两大领域中应用得非常广泛。

水浮磁针的原理和指南鱼是一致的，但是其精度更高。根据沈括的描述，水浮磁针由磁针、灯草和容器组成，磁针穿过灯草浮在水面上，利用地球磁场的引力让指针指向两极。

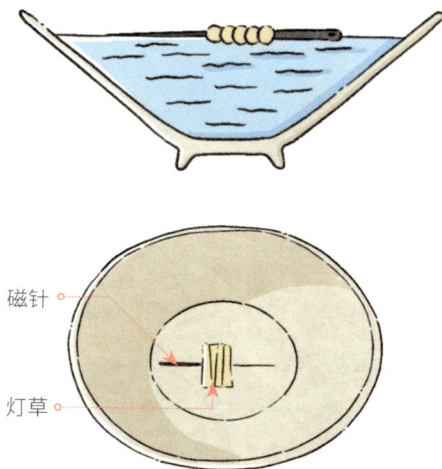

灯草的作用是让磁针悬浮在水面上自由转动。

● 磁偏角

地球磁场的南北极方位与地理上的南北极点并不完全重合，存在磁偏角。沈括在《梦溪笔谈》中说磁针"然常微偏东，不全南也"，指出了磁偏角的存在。在西方，直到13世纪才知道磁针偏东。1492年，哥伦布横渡大西洋时，正式测到磁偏角。

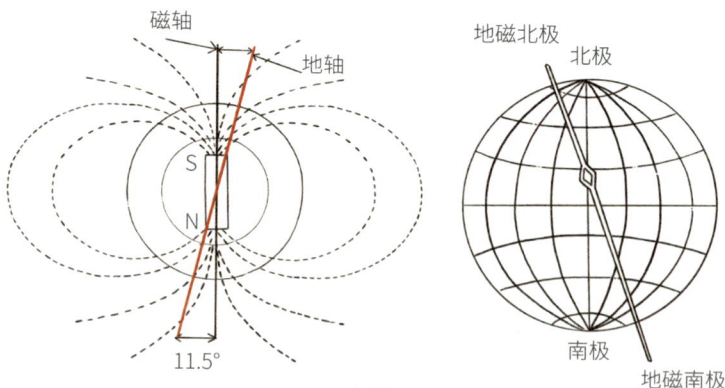

● 罗盘

　　磁针在堪舆和航海两大领域得到广泛应用后，人们发现了磁偏角的存在，这意味着磁针在方向指示上仍然存在一定的偏差，对指南针的使用提出了更高要求。堪舆家们率先对磁针进行了改良和创新，将它与分度盘结合，创造了新一代指南针——罗盘，这个发明也一直沿用到了现代。

　　罗盘又分为水罗盘和旱罗盘。

水罗盘

罗盘上的字

　　我们更熟悉的罗盘是旱罗盘。最早的旱罗盘出现在南宋时期。

1985 年 5 月，在江西省临川县温泉乡南宋朱济南墓中出土了一大批陶俑，其中有一件座底标记了"张仙人"的陶俑手捧着一件大罗盘。该罗盘的磁针与水罗盘的磁针明显不同，中间增大呈菱形，菱形中央有一明显圆孔，这明确地表明了它是一种用轴支撑的旱罗盘。这件陶俑的出土证明早在 12 世纪，我国已经在使用旱罗盘确定方位。

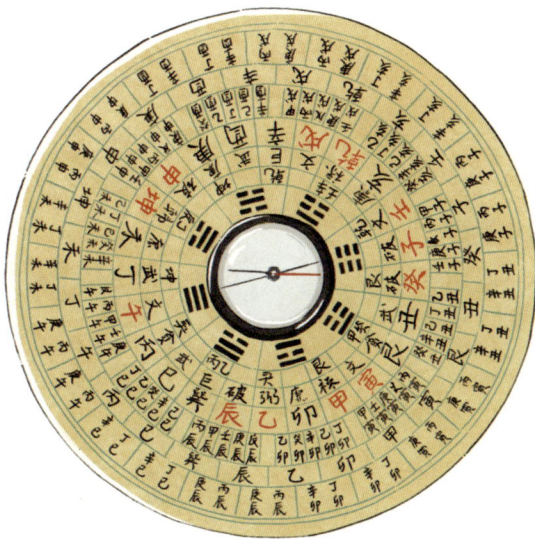

旱罗盘

　　罗盘除了应用在堪舆领域，还在南宋时期被发展成航海罗盘。航海罗盘的出现促进了元代航海事业的发展，至明代郑和下西洋，航海罗盘被传到欧洲及阿拉伯地区。15 世纪末，哥伦布横渡大西洋发现美洲新大陆，16 世纪初，麦哲伦船队绕地球航行成功，这都与航海罗盘的应用分不开。

5.1.3　火药

　　火药是一种在适当的外界条件下，自身进行迅速而有规律的燃烧，同时生成大量高温气体。火药具有很强的杀伤力和威慑力，是人类文明最重要的发明之一。

　　作为古代中国"四大发明"之首，被马克思称赞为"把骑士阶层炸得粉碎"的火药已经有 1000 多年的历史了，但是它最初并不是用在军事领域。其实，火药是古代炼丹家为求长生不老炼制丹药而产生的"意外之喜"。

火药的起源

　　炼丹术是一种古老的方术，根植于中国传统神话故事，并寄托着古人长生不老的美好愿景。炼丹术原本是道教传统术法，同时也是化学的雏形，不仅对中国传统医学产生了巨大影响，还诞生了一个伟大的发明——火药。

　　东晋"炼丹王"葛洪在他的名著《抱朴子》中记录了一个用硝石、猪大肠、松脂与雄黄炼取砷的方子：

　　"又雄黄当得武都山所出者，纯而无杂，其赤如鸡冠，光明晔（yè）晔者，乃可用耳。……饵服之法，或以蒸煮之，或以酒饵，或先以硝石化为水乃凝之，或以玄胴（dòng）肠裹蒸之于赤土下，或以松脂和之，或以三物炼之，引之如布，白如冰……"

松脂

硝石

雄黄

根据现代化学知识可知，硝石（KNO_3）、雄黄（S）、玄胴肠（猪大肠）、松脂（碳素）混合炼制，一定会炼出火药并发生爆炸。但葛洪成功炼出了"白如冰"的氧化砷，说明葛洪在尝试中已经知道它们不可以混合炼制，有意规避掉了硝、硫、碳同炉，从而使实验能够顺利完成。

火药的发明

在认识硝、硫的基础上，医学家、炼丹家都在不断改进硝石、硫黄的提炼方法。与此同时，炼丹家为了炼成"仙丹神药"，极其大胆地把包括硝石、硫黄在内的多种矿物质和一些草药纳入丹炉中加热混合炼制，且经常别出心裁地尝试各种不同组合，有时不可避免地会发生爆炸。正是在此过程中，炼丹家逐渐发现了硝、硫、碳混合物的爆炸属性，进而有意识地加以制备，从而发明了火药。由于古代中国视硝石、硫黄为药物，炼丹就是炼药，所以这种产生于炼丹过程中的会爆炸的混合物就被称为火药。

最晚在唐代的时候，以硝、硫、碳为主要成分的炼丹配方出现在了炼丹术著作中，而且还出现了关于硝、硫等合烧会爆燃的经验记述，比如《真元妙道要略》就记载了有人将硫黄、雄黄、硝石和蜜混合在一起炼丹，结果失火爆炸，火不仅把人的脸和手烧坏了，还直冲屋顶，把房子也烧了。

火药既不能解决长生不老的问题，又容易使炼丹炉爆炸，因此炼丹家发明火药后并没有将其推广，后来火药的配方从炼丹家手中传了出去，在军事家手中得到了应用与发展，真正成为中国古代"四大发明"之一。

火药的应用

唐代末年，火药已经被用于军事。唐天祐元年（904年），杨行密的军队围攻豫章（今江西南昌），部将郑璠"以所部发机飞火，烧龙沙门，带领壮士突火先登入城，焦灼被体"。这里所说的"飞火"就是"火炮、火箭"之类。

到了宋代，战争频繁，促进了火药武器的加速发展。北宋政府建立了火药作坊，先后制造了火药箭、火炮等以燃烧性能为主的武器和"霹雳炮""震天雷"等爆炸性较强的武器。南宋在开庆元年（1259年）造出了以巨竹为筒，内装火药的"突火枪"。到了元代又出现了铜铸火铳（chòng），称为"铜将军"。这些都是利用了火药爆炸及其产生的推动力的武器，在战争中展现了前所未有的威力。

● 火药箭

火药箭是古人利用火药发明的一种火器。它是在箭矢的前端安装一个小火药包，点燃后用弓弩发射出去，纵火攻敌。在火药发明之前，人们就把火攻用的箭矢（用棉麻浸染油脂做纵火物）称为火箭、火矢，火药箭出现后，也经常被称为火箭。

宋代时人们还用一种投枪（鞭箭）装上火药包投射纵火，称为"火药鞭箭"。

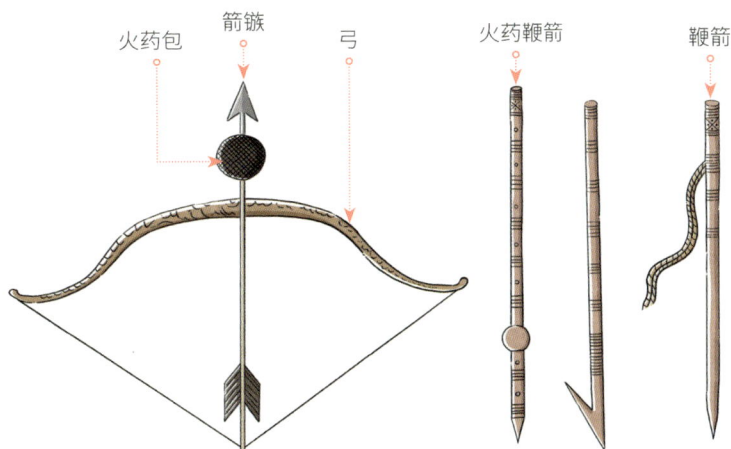

火药包　箭镞　弓　火药鞭箭　鞭箭

● 火毬

毬（qiú）是球的古字，火毬就是球状的火药武器。北宋庆历年间，官方编成汇集各方面军事知识的《武经总要》，书中记录了多种火毬及其制法，包括"火毬火药方""蒺藜火毬火药方""毒药烟毬火药方"3种火药配方及配制技术，这是迄今见于记载的世界上最早的火药配方。

火毬用松脂、沥青、火药制成球，外面以纸、麻为壳，用时点燃，以抛石机发射，纵火攻敌。

火毬中掺入发烟物和有毒药料，以施烟播毒，称为烟毬、毒药烟毬。

有的火毬中加入铁蒺藜、碎瓷片等物，燃尽后可布障伤敌，称为蒺藜火毬。

蒺藜火毬

引火毬

火药里混有碎瓷片，球中间贯穿一截干竹子，燃烧时竹子爆裂炸响，碎瓷片可飞溅伤人，称为霹雳火毬、霹雳毬。

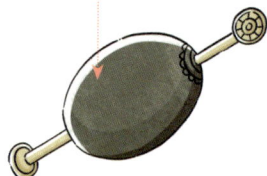

霹雳火毬

● 陶弹

陶弹威力巨大，可以说是最早的手榴弹雏形，在陶罐中装入火药，有的外表还做成蒺藜形状，许多人称其为陶雷或瓷蒺藜、瓷雷。

瓷蒺藜是西夏独特的火器。它的表面几乎全部呈钉状，只有接地处是扁平的，以便抛到地上而不翻滚，里面含有许多铁刃碎片。作战时，西夏军队将它抛到地上，当敌方骑兵进攻时，马蹄就会踩中瓷蒺藜引起爆炸，里面的铁刃碎片四射，从而对敌人造成伤害。

● 铁火炮

铁火炮是宋元时期出现的一种新型爆炸性火器，也被称作"震天雷"。它是一种铁壳爆炸弹，威力更大，火力更猛，在13世纪宋、金、元的战争中，铁火炮成为最重要的火器，被各方大量运用。

铁火炮第一次将高性能火药和金属材料结合，显著地提升了爆炸威力和杀伤力。可以在点燃后用投石机抛射，也可以用手投掷，比如守城时从城墙上向下投掷。

铁火炮形状多样，有记载说它像瓠（hù），也有记载说它像铁罐、球或合碗。

● 霹雳炮

霹雳炮也叫作霹雳火炮，史料记载北宋末年金军攻汴京，宋军"夜发霹雳炮以击贼，军皆惊呼"。霹雳炮为纸管，分两节，一节中只放火药，点燃后爆燃，使另一节升空；另一节中放石灰、硫黄（火药），下落后爆炸，纸裂而石灰四处弥散。从形式上来看，很显然霹雳炮有现在双响烟花的雏形了。

宋元时期，宋、辽、西夏、金、元等各方长期争战，客观上推动了火药武器技术的发展。

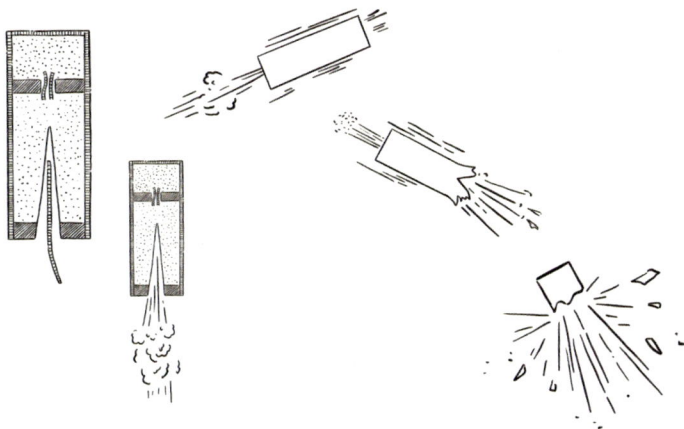

● 火枪

火枪是中国古代用竹竿或纸做枪筒的火器，最初称为突火枪。宋代，人们用竹筒做枪身，内装火药和弹丸，制造出突火枪。这种火枪被认为是人类已知的最早的能发射子弹的管状射击武器。到了元代，火枪的竹制枪管被换成了生铁管，将火药配比进行了调整，弹丸的威力大幅提升，火枪的威力、射程、耐久度大幅提高。

● 火铳

火铳是对元代及明代前期用铜或铁制成的管状射击火器的总称。它是现代枪炮的鼻祖，是射击火器发展的一个重要里程碑。

火铳包括前膛、药室和尾銎（qióng）三部分。使用火铳时，先点燃通向药室的引线，引燃药室内的火药，借助火药爆炸产生的推动力将预先装在前膛内的弹丸射出，以杀伤敌军。

● 烟火

烟火是火药除军事用途外的最普通应用。与火药进入军事领域的时间差不多，大约在宋元时期，古人就开始用火药制成烟火来娱乐。随着时间的推移，烟火师们创造出了种类繁多的烟火品种，并对火药进行了多种利用和开发，如利用火药的速燃特性制造烟焰效果；利用火药的爆炸特性制成炮仗取代了传统的爆竹；利用火药燃气压力向前喷射烟火，制成筒花、喷筒；利用火药燃气压力向后喷射火焰实现反向推进飞行，制成起火、流星、地老鼠等。

火药虽然使战争更加残酷和激烈，但是也给人类带来了美好绚烂的烟火盛景。古代中国人发明的火药今天依然在人类社会中发挥着巨大作用。

5.1.4 印刷术

印刷术起源于中国，灵感来自中国的印章文化，它是由拓石和盖印两种方法逐步发展、合成而来的，是古代中国人智慧的结晶。雕版印刷发明于唐代，并在唐代后期普及。宋代毕昇发明了活字印刷术。

印刷术的发明和普及在人类文明进程中有着划时代的意义。它使科学知识与技术得到自上而下的广泛流传，促进了文化的交流与传播，对文明的发展产生了巨大的推动作用。

印刷术的起源

印刷术的工艺包括雕刻和刻板，即将手工雕刻印版上的图文转印到承印物上从而获得大量复制品。手工雕刻技术成熟之后，转印复制术的发展和成熟则成为印刷术的关键性技术，也是印刷术诞生必不可少的工艺条件。早在春秋战国时期，人们对印章的制作就包含了印刷术中的核心工艺。

印章在春秋战国时期就已出现，一般只有几个字，表示姓名、官职或机构。印章上的文字有阴文，也有阳文。

印章阳文

印章阴文

印章上的文字字体一般有篆书、隶书、楷书。印章的使用方法是通过印泥为文字面涂色，将文字翻印于纸张、绸或织物上，属于压印、复制术。这种压印、复制术的出现和应用说明人们实际上已经到了印刷术的大门，因此在印刷史上，人们将印章称为印刷术的萌芽。

战国时期的印章

秦代的印章

在前 7 世纪，石刻文字出现了。为了免去从石刻上抄写的劳动，4 世纪时人们发明了以湿纸紧覆在石碑上，用墨打拓其文字或图形的方法，叫作"拓石"。后来，人们又将刻在石碑上的文字刻在木板上，再进行传拓。石刻文字是阴文正写，这就提供了从阴文正写取得正字的复制技术。

拓石的方法是刷印，步骤为：

（1）将柔软的薄纸浸湿铺在石碑上，用刷子均匀地刷纸，使纸与碑之间紧密贴合；

（2）持拓包均匀蘸取墨水并对石碑进行捶打，动作为蘸墨—捶打—蘸墨—捶打……直至拓体文字清晰可见、完整无缺；

（3）待拓片八九成干时将其轻轻揭下，放置平整等待自然晾干。

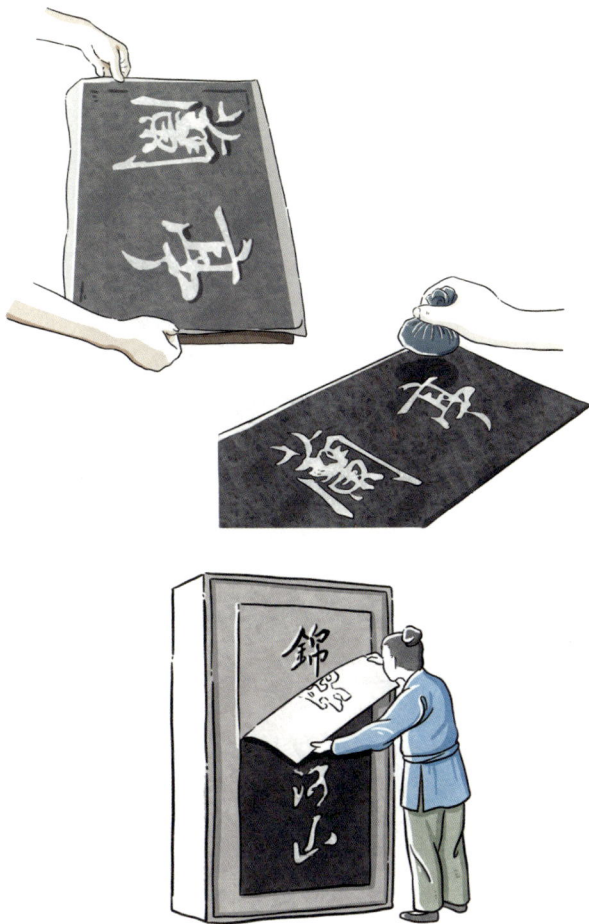

雕版印刷

雕版印刷是印刷术的最早形式，是由印章和拓石两种方法的结合而逐步演变的，所以印章和拓石为印刷术的发明奠定了技术条件。

史书上记载的最早的雕版印刷技术出现在唐代，贞观十年（636 年）的时候，唐太宗下令印刷长孙皇后的遗著《女则》，这是世界雕版印刷的开端。

唐代后期，印刷实物中有明确日期且保存下来的是一卷《金刚经》，其末尾明确刻着"咸通九年四月十五日王玠为二亲敬造普施"字样。咸通九年即 868 年，这是目前世界上最早的有明确日期的印刷实物。该实物原藏于甘肃敦煌千佛洞，现存于英国伦敦大英博物馆。该书呈卷子形式，全卷长 4877 毫米，高 244 毫米，卷首扉页画主题为释迦牟尼在祇树给孤独园向四众弟子说法的场景，其余是《金刚经》全文。该书非常精美，图文浑朴稳重，雕刻刀法纯熟，书上墨色浓淡均匀，清晰明显，说明刊刻此书时印刷技术已高度成熟。

在唐代中期，雕版印刷术就已经在民间流行起来。

● 雕版印刷的过程

第1步：雕刻印版。

一般是请书法很好的人写版，首先将要雕刻的内容写在一张纸上，然后将写好的纸反贴于准备好的木板表面，给予一定的压力，使文字或图像呈反向转移到木板上，最后由雕刻工人雕刻成反向凸起的文字或图像，制成印版。校正无误后进入下一道工序。

第2步：刷油墨。

先将印版固定在一个台面上，用刷子蘸上油墨均匀地涂在印版的表面，从而完成刷油墨的过程。

第3步：印刷。

在刷好油墨的印版表面覆盖一张纸，用干净的刷子轻轻地拍打整个纸面，揭下纸之后便完成了一次印刷。重复第二道、第三道工序，从而完成大批量的印刷。

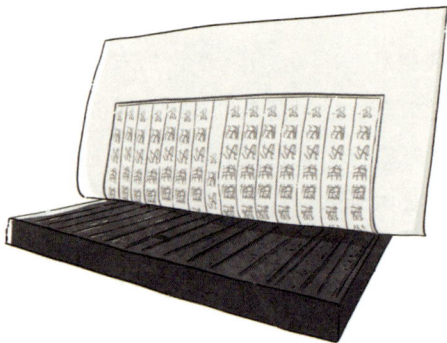

活字印刷术的发明

960年，北宋建立，结束了五代十国历时几十年的分裂割据局面。相对稳定的社会环境，同时朝廷推行较为开明的政策，使社会经济和文化都很快地发展起来。已经应用了几百年的雕版印刷出现了革新的趋势。印刷业的发展也促进了造纸业的发展。

雕版印刷在技术和质量上都达到了很高的水平，再加上精良的纸张和油墨，雕版印刷在宋代臻至完美。但雕版印刷工程浩大，雕印一部书需要消耗大量的时间和物力，这对大量、快速地出版书籍是很大的限制。因此，在这种历史条件下，人们希望能有一种更快的印刷书籍的方法，这就促成了活字印刷术的发明。

北宋庆历年间，毕昇发明了以泥为原料的活字印刷术，这是世界上最早的活字印刷术，比西方应用活字印刷术早了400多年，从此，印刷技术进入了一个新的时代——活字版印刷。

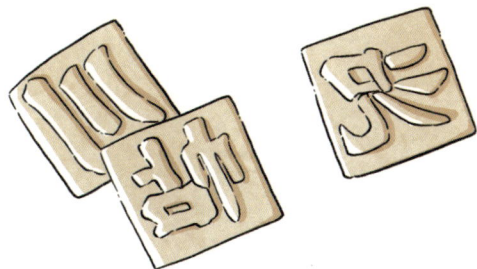

泥活字

毕昇是一位从事雕版印刷的工匠，在长期的雕版工作中发现雕版印刷的最大缺点是每印一本书都要重新雕刻一次版，不但用时长，而且还增加了印刷的成本。如果改用活字版的话，只需要雕刻一副活字，就可以排印任何书籍，活字还可以反复利用。

第 1 步：烧制活字。

活字是用细胶泥制作的，先制成很薄的小方柱，然后在一端刻上需要的阳文反字，放到火里烧硬，这样就制成了一个坚硬的活字。

第 2 步：制作活字版。

在一块铁板上均匀地铺一层松香、蜡和纸灰的混合物作为黏结剂，四周用铁框围好，按照稿本拣出需要的活字，按次序排列在铁板上。排满一板之后，就用火在铁板底部加热，使松香和蜡稍微熔化，再在上面用木板把活字压平，待铁板冷却之后，活字就牢固地附着在铁板上，成了一块平整的活字版。

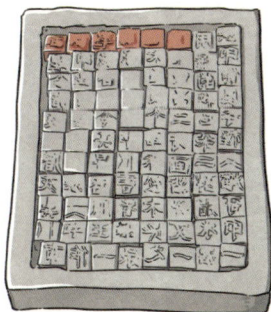

第 3 步：印刷。

这一步和雕版印刷差不多，只要涂上墨，铺上纸，一刷就成了。

第 4 步：拆版。

印刷之后，再用火将铁板烧热，等松香和蜡熔化后，"以手拂之，其印自落"，可以很轻易地将活字取下来。将它们按音韵分类，存入木格中，预备下次使用。

毕昇发明活字印刷术，提高了印刷的效率。但是，他的发明并未受到当时统治者的重视，他去世时，活字印刷术仍然没有得到推广，他制造的胶泥活字也没有保存下来。不过他发明的活字印刷术被宋代科学家沈括记录在了《梦溪笔谈》中并流传了下去。

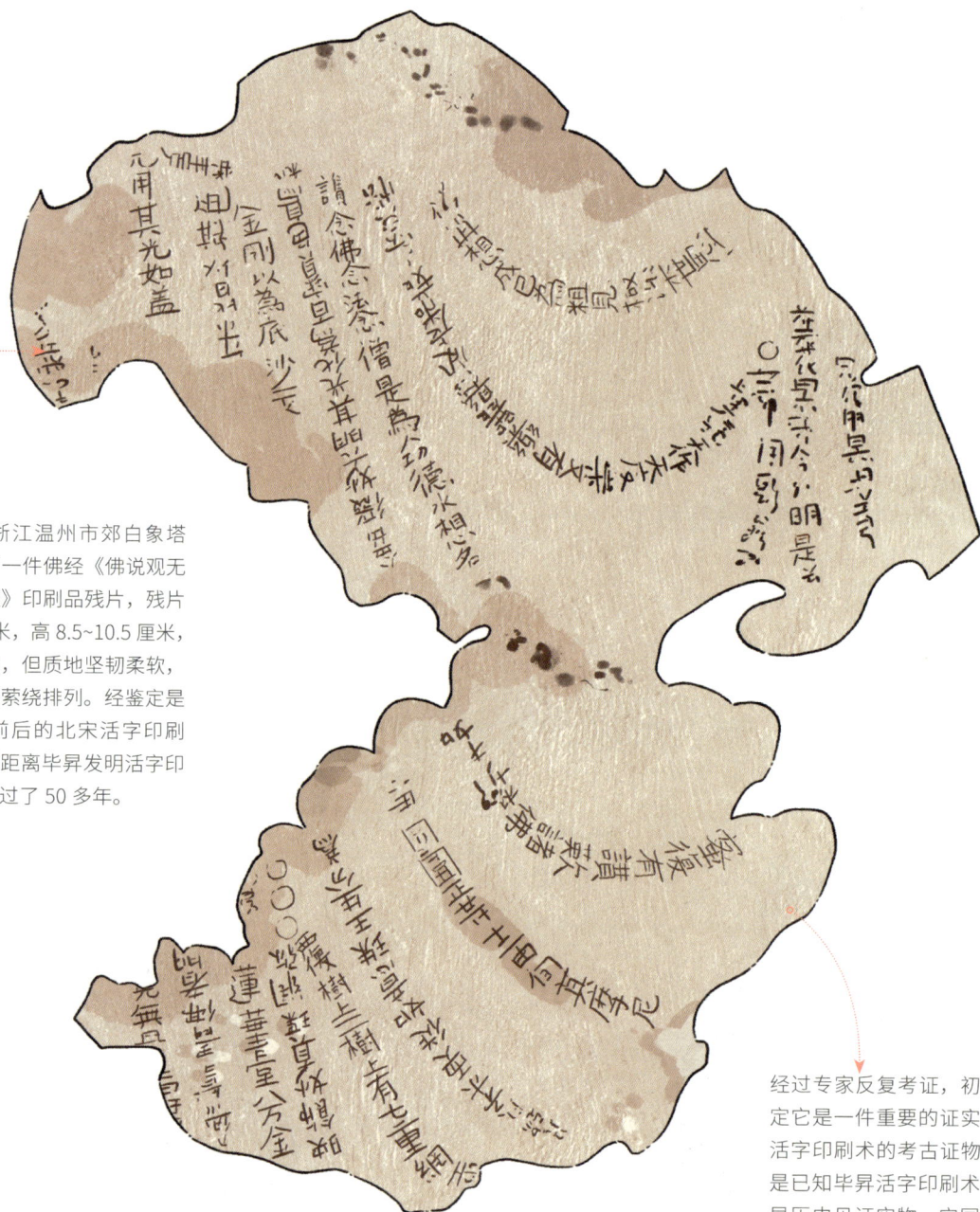

1965年浙江温州市郊白象塔内出土了一件佛经《佛说观无量寿佛经》印刷品残片，残片宽13厘米，高8.5~10.5厘米，纸色发黄，但质地坚韧柔软，文字回旋萦绕排列。经鉴定是1103年前后的北宋活字印刷本，这时距离毕昇发明活字印刷术已经过了50多年。

经过专家反复考证，初步认定它是一件重要的证实毕昇活字印刷术的考古证物，也是已知毕昇活字印刷术的最早历史见证实物。它同时也证实了活字印刷术在民间的推广、应用及发展。

活字印刷术的发展

继毕昇胶泥活字版之后，印刷技术上的又一重大改进是木活字版的应用。

根据文献记载，木活字版为元代科学家王祯首创。王祯在元贞元年（1295 年）至大德四年（1300 年）曾任宣州旌德（今安徽宣城旌德县）及信州永丰（今江西上饶广丰区）县令。所著《农书》为元代总结中国农业生产经验的一部农学著作，是一部在全国范围内对整个农业进行系统研究的巨著。他担任旌德县令期间，请工匠创制了 3 万多个木活字，在大德二年（1298 年）试印过《旌德县志》，不到一个月印刷了一百部，效率很高。王祯将这次制作活字、排版、印刷的方式方法进行了详细的总结，题为"造活字印书法"，于《农书》雕版印本的后面公布了。《农书》是一份古代印刷史上的珍贵文献。

● **王祯发明的木活字排印法**

首先在木板上刻字，然后使用细齿的小锯将刻了字的木板一块一块地锯开，再用锐利的小刀修理成大小一样且异常整齐的四方形木活字，常用字往往还要多做几个木活字。

木活字做好以后，将它们分别排列在韵轮和杂字轮这两个轮架上。韵轮用于按音韵的次序排列木活字，杂字轮用于排列一般的常用杂字和"之""乎""者""也"等语气助词。拣字的人坐在两个轮架的中间，只要转动韵轮或杂字轮，就可以拣取需要的字，极为方便。拣齐木活字之后，就可以排版印刷了。一版印完之后，将木活字拆散，还原到轮架上，以备下次使用。

王祯设计的转轮排字盘是一个用轻质木材制成的大轮盘，直径约 7 尺，轮轴高 3 尺，轮盘装在轮轴上，可以自由转动。按古代韵书的分类法将木活字放入盘内的格子里。他制作了两副这样的大轮盘，排字工人坐在轮盘之间，转动轮盘即可找字，这就是王祯所说的"以字就人，按韵取字"。这种方法既提高了排字效率，又减少了排字工的劳动量，是排字技术上的一个创举。

转轮排字盘

中国的活字印刷术由新疆经波斯、埃及传入欧洲。1450 年前后，德国的古腾堡受中国活字印刷术的影响，用合金制成了拼音文字的活字，用来印刷书籍。

印刷术传到欧洲，加速了欧洲社会发展的进程，促进了文艺复兴的发展。马克思称印刷术、火药、指南针的发明"是资产阶级发展的必要前提"。

5.2 "四大发明"之外的伟大发明创造

指南针、火药、造纸术、印刷术是后世评定的影响最深远、意义最重大，也是最能体现古代中国人智慧的"四大发明"。其实，除了"四大发明"，古代中国还有许多令人惊叹的科技成就，下面就简单介绍几种沿用至今的伟大发明创造吧。

5.2.1 书画材料

以书法和绘画为代表的中国古代艺术博大精深，可以追溯到新石器时代，在几千年的传承变革中产生了极其丰富且辉煌的文化遗产，无一不透露着文明古国深厚的文化底蕴。以笔、墨、纸、砚为代表的书画材料作为承载文明的载体，反映着古人的智慧，也寄托着古人的情感。书画材料的不断革新与完善也推动着书画艺术的发展，让文明得以传播，艺术得以流传，使今天的我们仍然能看到精美绝伦的古代艺术作品。

毛笔

毛笔是我国发明的一种书写工具，可以追溯到新石器时代，在演变及发展的历史中出现了不同的社会需求、制作方法和使用形式。

毛笔诞生于什么时候至今没有定论。很久以来一直有蒙恬造笔的说法。蒙恬是秦代的名将，相传他驻守边疆，要常向秦王奏报军情，由于边情瞬息多变，文书往来频繁，用刀刻字效率太慢，不能适应战时需要。蒙恬便从士兵手中的武器上撕下一撮红缨，绑在竹竿上，蘸着颜料，在白色的丝绫上书写。此后，他又因地制宜，利用狼毛和羊毛做笔头，制成了早期的狼毫笔和羊毫笔，因此蒙恬被制笔业供奉为祖师爷。其实早在蒙恬之前毛笔就已经出现，蒙恬只是秦笔的制作者。蒙恬并没有发明毛笔，不过对毛笔的制作方法进行了重要改进。

毛笔的出现一定伴随着社会需求与技术进步。

毛笔最早的雏形可以追溯到 5000 多年前。通过观察新石器时代晚期至殷商时期出土的彩陶标本，可以发现其中有些是先人们使用丝麻或兽毛等纤维材质的工具绘制的，最明显的就是在仰韶文化中发现的彩陶。

这些彩陶制作得极为精美，线条流畅细腻，可以明显观察出图形、线条的粗细过渡和清晰的笔锋痕迹，有些彩陶的转折处甚至出现了现在书画艺术中常用的飞白和皴（cūn）擦画法。这种娴熟的技法绝对不是仅仅依靠手指和树枝、树叶涂抹能够完成的，先人们一定在绘画过程中使用了某种绘画工具。这种工具或许就是毛

笔的"祖先"。

已知最早的毛笔实物是 1954 年在湖南长沙左家公山战国楚墓中出土的一支毛笔。发现的时候是一根竹管，取出来后才发现里面有一支完好的毛笔。

这说明蒙恬并不是毛笔的发明者，他只是对毛笔的形制做出了重大改进。秦代的毛笔有的是将笔杆一端凿成一个空腔，将笔头藏纳其中，有的是将整支笔纳入一个与之等长的细竹筒中。因为秦代统一了文字，实行"书同文"，所以秦代的毛笔基本上拥有统一的样式。

秦代的"纳入式毛笔"这一重要工艺改革顺应了历史潮流，满足了当时人们对书写形式的更高要求。不论是在工艺上还是在形制与功能上，秦代毛笔已经与现在使用的毛笔非常相似，可以说这个时候的毛笔已经完全发展成形，完成了中华文化在发展中的重要技术改革。

在汉代，字体经历了激烈的演变，西汉隶书的普及冲击着小篆的使用，随后，采用波挑法的章草、打破字字独立形式的今草，以及艺术感更强的狂草依次出现，东汉中期出现了楷书，东汉后期又出现了行书……字体的变化在很大程度上得益于毛笔的使用。相应地，书法艺术也促进了毛笔制作技艺的提升。例如，毛笔的选材更加精细和多样化，笔头不仅会用兔毛、羊毛制成，还会用鹿毛、狸毛、狼毛等混合制成，有的笔头以兔毫为笔柱，羊毛为笔衣。

汉代的毛笔多用硬毫，可能与当时多在竹简、木牍上写字有关。1972 年，甘肃汉墓中出土过一支汉代毛笔，笔上落款"白马作"，这支笔是迄今为止我国所有出土汉代毛笔中保存最完整、制作最精良的一支，是汉代毛笔的代表作。

在唐代，安徽宣城制作的宣笔选料严格、做工精细，深受文人学士的推崇。当时比较流行的是一

"白马"是制笔工匠的名字。笔头外覆黄褐色软毛，笔芯及锋用紫黑色硬毛，刚柔并济，富有弹性，适于在简牍等硬质材料上书写。笔杆后端尖头削细，以便于插入发髻。

笔锋为鸡距式。

2006 年常州常宝钢管厂宋墓出土。

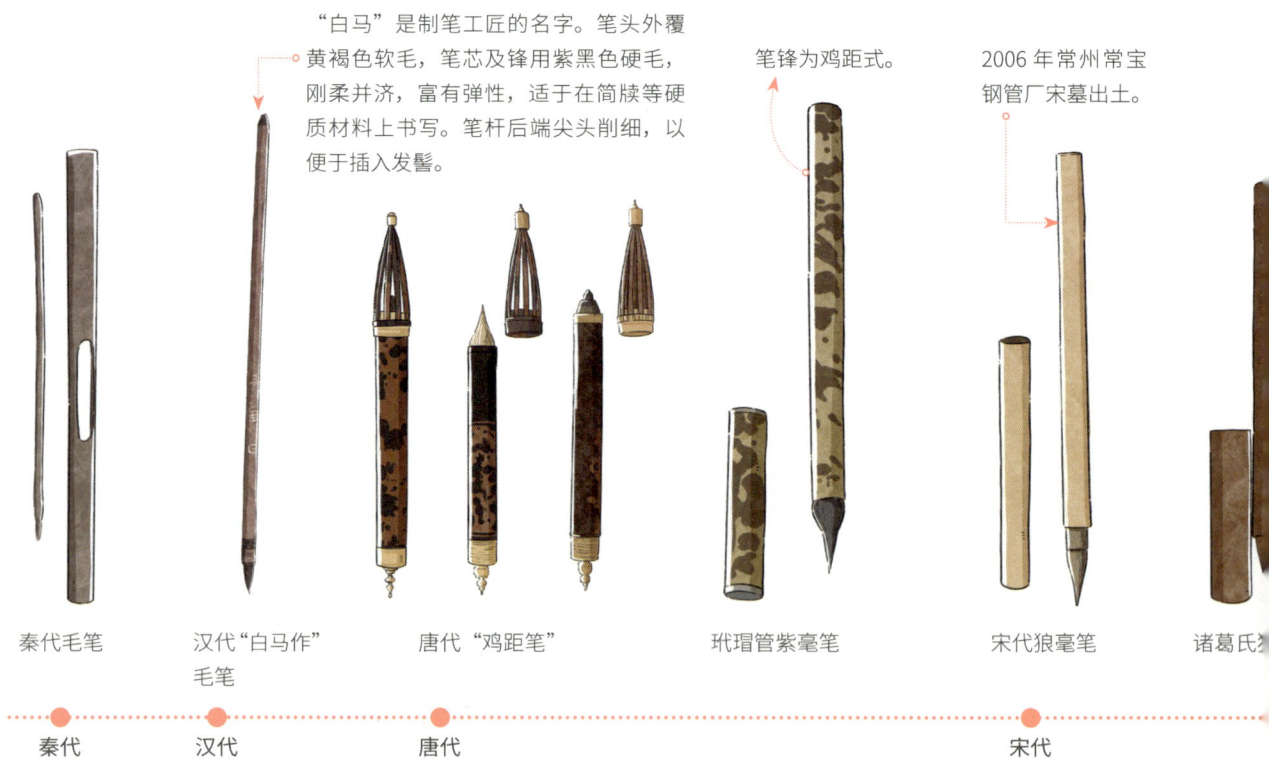

秦代毛笔　　汉代"白马作"毛笔　　唐代"鸡距笔"　　玳瑁管紫毫笔　　宋代狼毫笔　　诸葛氏

秦代　　汉代　　唐代　　　　　　　　宋代

种笔锋短、形如鸡距的鸡距笔，这种毛笔劲健硬挺，能使书写者的笔力得到最大限度发挥，白居易曾写《鸡距笔赋》盛赞这种毛笔。

到了宋代，制笔业更加发达，宣城出现了一批手艺精湛的制笔名匠，其中诸葛高声名最盛，梅圣俞、欧阳修围绕诸葛笔赋诗多首，陶谷、黄庭坚、苏轼等也是诸葛笔的爱好者。

宋代开始流行高腿桌椅，人们写字的姿势也从盘腿坐榻上在矮几上悬肘书写变为坐在高椅上伏案悬腕书写，这对毛笔的用料和形制提出了新的要求。因此，宋代的毛笔笔杆变短、笔锋硬中有软。除了传统的兔毫笔，狼毫笔、羊毫笔也得到了更广泛的使用，多样化成为宋代制笔业的主要特点。

元代以后，浙江湖州一带逐渐成了新兴的制笔中心。元代湖笔已经形成了自己的工艺特色，尤其是用柔软、细长、富有光泽和弹性的山羊毛精制而成的兰蕊羊毫笔，能写行书、草书、篆书、隶书，也能绘画，是湖笔的代表作。

明清时期，制笔业发展达到了历史的顶峰，湖笔继续独领风骚，湖州也一直是中国毛笔的制笔中心。明清文人非常讲究用笔，明代书法家多使用硬毫笔，而不像元代书法家那样多使用软毫笔。清代的时候，羊毫笔盛行，许多有名的书法作品都是用羊毫笔写成的。

同时，明清的毛笔都很注重装饰，笔不仅仅是书写工具，还是精美的艺术品。

字为"大明萬曆年製"（大明万历年制）。

兰蕊羊毫笔

明代宣德年间彩漆描金云龙管花毫笔

明代万历年间檀香木雕龙凤纹管花毫笔

清代乾隆年间竹雕灵仙祝寿管紫漆斗紫毫提笔

清代乾隆年间青花红彩云龙纹管鬃毫提笔

元代　　　明代　　　清代

砚

砚是一种研磨泚（cǐ）笔的工具，又称砚台，是人们进行书画创作时必不可少的工具之一。它不仅能够盛墨，还集绘画、雕刻、书法多种艺术元素于一体，是一种具有丰富文化内涵的实用性与艺术性共存的艺术品。砚台的出现可以追溯到新石器时代。

砚台最早被用来研磨颜料，给陶器着色。在西安姜寨仰韶文化遗址中，考古学家们发现了一方石砚，此砚有砚盖，砚心凹陷处还有一个石质的磨杵，砚旁边还有颜料和陶制水盂，这是迄今为止考古界发现的最古老的砚台。

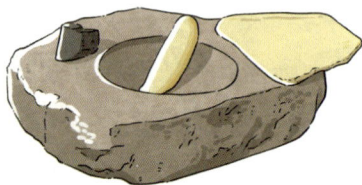

仰韶文化遗址中出土的新石器时代砚台

由此可见，5000多年前，古人用此砚研磨颜料，将图文描绘在了烧好的陶器上，创造了璀璨的彩陶文化。

先秦两汉时期，砚的功能从研磨陶器颜料转向研磨书写颜料，这个变化是因为毛笔的出现和使用。秦代到西汉的砚台多为圆形，看起来像石饼一样。1975年湖北江陵县凤凰山汉墓出土过一套完整的文具，里面就有一方圆饼砚台。同时出土的还有一块研石，反映出西汉的墨大多尚未形成具有一定硬度和形状的墨锭，经常要用研石来研磨，这些用具仍然保留着远古研磨器的形式。

湖北江陵县凤凰山汉墓出土的砚台

在汉代，专供书写使用的砚已经被普遍使用，制砚材料也多种多样，砚大多以石材制成，少数是玉砚、陶砚、金属砚、漆砚等。砚的造型以圆形、长方形为主，另有山形、龟形等。有的砚在雕琢技艺上已经比较精细，其艺术效果日渐加强。

汉代云龙纹圆石砚

到了魏晋南北朝时期，制砚工艺有了新的发展，出现了不需要研石而直接用颜料在砚台上研磨的石砚与瓷砚等。从此以后，砚成了独立的专用研磨工具，这是制砚工艺史上的一大飞跃。在这个时期，瓷砚取代石砚成为最主要的砚台。为了适应席地而坐和用矮几书写的要求，这一时期的砚台大多带足。

在北朝，还出现了精心雕刻的方形石砚，花纹繁复，纹饰多样，其中以北魏石雕方砚最精美，带有典型的地方风格与民族色彩。

北魏石雕方砚

随着中国古代制墨技术尤其是墨锭制作技术的长足发展，研石和砚台终于分离，用墨锭在砚台上直接研磨的方法普及开来。

隋唐时期，中国古代制砚技术高速发展，唐代繁荣的经济与文化促进了制砚技术的进步，文人墨客审美水平的提高也促进了砚台艺术性的提升。这个时期，著名的端砚、歙（shè）砚、红丝石砚、澄泥砚等砚台品类相继出现。从形状上来看，箕形砚是考古发现里出土数量最多的砚台种类之一。

箕形砚和它的名称一样，十分像生活中使用的簸箕，砚底平阔，砚头方窄，后世也称它为风字砚。

瓷砚依然流行，形制上多为圆形多足的辟雍砚。

宋元时期的砚台除了具有基本的使用功能，还多了鉴赏、馈赠、收藏和研究的价值。宋砚的雕刻主张简洁大方，和隋唐时期繁复精美的工艺形成鲜明对比。

宋元时期的砚台以抄手砚为主。抄手砚是后人根据砚台的形制命名的。这种砚的砚首低，砚尾高，砚底挖空，砚面两侧有墙，砚体较轻，取砚时用手抄砚底就可以了。

到了明清时期，砚台作为一种艺术品，创新出了许多形制和纹饰，不仅砚材丰富，砚雕工艺也得到了长足发展，雕工精细，厚重大气。

清砚是中国砚史上的巅峰之作，砚台成为一种重要的工艺美术品，进而成为贵重的收藏品。在形制上，各种仿植物、仿生物、几何形状的造型层出不穷。

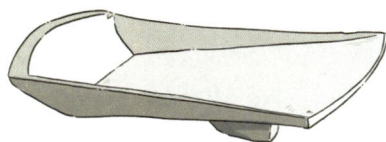

唐代箕形砚

唐代白釉辟雍砚

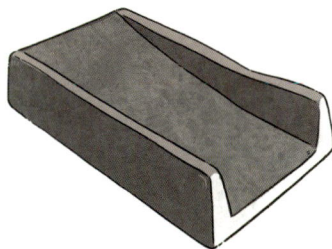

宋代抄手砚

明代端石长方砚

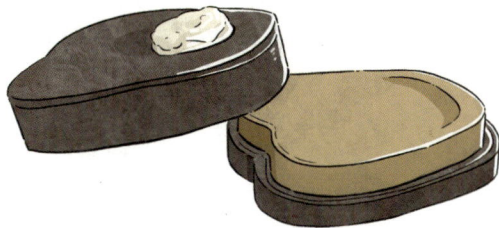

清代乾隆御制仿宋天成风字澄泥砚

书画用纸

前面介绍了纸的发明和演变，在蔡侯纸问世后不久，人们便开始用纸写文书和书信。三国时期，纸的使用已经比较普及，这个时候纸的产地已经遍布全国。随着纸产量的增加，书籍种类越来越多，以纸为载体的艺术形式如书法和绘画开始蓬勃发展。对纸的需求反过来又促进了造纸术的改良和发展，许多适合书法绘画的纸张种类应运而生。

● 皮纸

皮纸最早出现在东汉，在唐代逐渐成为最主要的纸种，主要品种有藤纸、楮皮纸和桑皮纸。

藤纸主要流行于唐代，是当时的高级公文用纸，皇室和皇家道观优先使用。除了写字与作画，藤纸还可以用来存放茶叶。陆羽在他的《茶经》里写道："纸囊，以剡（yǎn）藤纸白厚者夹缝之。以贮所炙茶，使不泄其香也。"

楮皮纸品质优良，许多文人与画家都喜欢使用这种纸进行书画创作。唐代冯承素摹《兰亭序》用的就是这种纸。

中国现存最早的纸本中国画《五牛图》用的则是桑皮纸。

桑皮纸在宋代之后仍然流行，金元时期印制纸币使用的就是北方桑皮纸，这也从侧面说明了桑皮纸的质量非常好。

明清时期是造纸术集大成的时期，也是皮纸发展的另一个高峰。明代宣德年间生产的"宣德纸"是明清皮纸的代表，明宣宗朱瞻基喜爱书画，对书画用纸要求很严格。宣德纸有本色纸、五色粉笺、金花五色笺、五色大帘纸和瓷青纸等品种。瓷青纸用靛蓝染料染成，其色刚染时与当时流行的青花瓷相像，因此得名。金花五色笺是在五色皮纸上以泥金描成各种纹饰图案。染纸所用的染料一般是植物性染料，与当时染布所用的染料是相同的，染色剂的配制也一样。

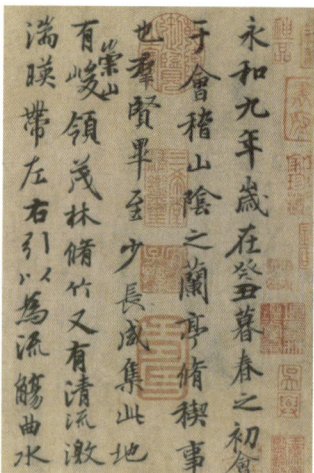

唐代冯承素摹《兰亭序》（局部）

唐代韩滉（huàng）《五牛图》局部

中国最早的纸币——北宋交子

● 竹纸

随着造纸术的不断发展，纸的使用量大幅度上升，原有的材料已经不能满足造纸业的需求，迫切需要开发新的原料。在这种情况下，以竹纤维为原料的竹纸应运而生。

竹纸的生产技术在北宋走向成熟，使其在民间得到广泛使用。北宋著名书画家米芾（fú）在他的著作中曾提到越州竹纸的优异，认为竹纸的质量远在著名的杭州由拳纸（藤纸）之上。米芾的《珊瑚帖》据说用的就是竹纸。

到了南宋，竹纸的生产技术更加成熟，精制竹纸以低廉的价格开始与皮纸、藤纸抗衡。福建、浙江、江西等印刷业发达的地区成为竹纸的主要产地。

到了明代中期，福建的竹纸生产技术取得了重大进步，竹纸得到了改良，使其颜色淡白、质量细腻，韧性也很好，一些精良的竹纸品类（如玉版纸等）一跃成为宫廷贡纸。

● 宣纸

宣纸是宣州皮纸的总称，其名称源于唐代宣州贡纸，是中国手工纸的杰出代表，千百年来以耐久润墨的特性享誉中外。宣纸的传统制作技艺被列入首批国家级非物质文化遗产名录，是人类文化的瑰宝。

标准定义下的宣纸是"采用产自安徽省宣城市泾县境内及周边地区的青檀皮和沙田稻草，不掺杂其他原材料，利用泾县的山泉水，按照传统工艺，经过特殊的传统工艺配方，在严密的技术监控下，在泾县内以传统工艺生产的，具有润墨和耐久等独特性能，供书画、裱拓、水印等用途的高级艺术用纸"。

泾县就是古时候的宣州，李白在《赠汪伦》中吟诵的桃花潭就位于宣州。

宣纸具有韧而能润、光而不滑、洁白稠密、纹理纯净、搓折无损、润墨性强等特点，并有独特的渗透、润滑性能。写字则骨神兼备，绘画则神采飞扬，宣纸是最能体现中国艺术风格的书画纸。

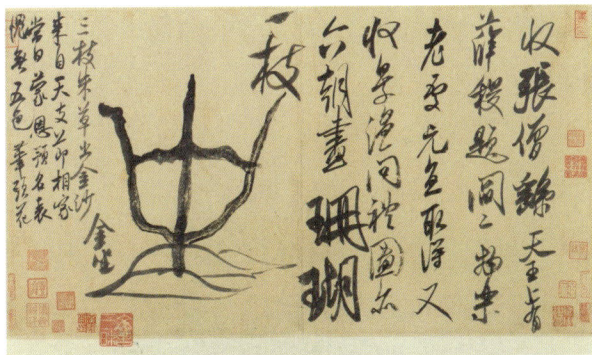

北宋米芾《珊瑚帖》

墨是书画创作中不可或缺的工具，它赋予了中国书画艺术独特的表现形式，它的发明是人类书写文字史上的重要进步。我国的制墨工艺源远流长，具有深厚的民族文化特征。

我国已知最早的墨是 1975 年湖北云梦睡虎地秦墓中出土的墨块。这是战国后期人们使用固体墨块的有力证据，说明当时的人们已经知道如何制造固体墨块并保存下来。

秦汉墨主要是松烟墨，松烟墨是用松木烧出的烟灰拌上漆、胶制成的，质量远远胜过石墨。西汉时期，人们只是用手将墨捏合成墨丸，没有制成锭，使用时不能手持着墨丸直接研磨，必须先用研石碾碎墨丸。所以出土的秦代、西汉的砚台一般包括砚台、研石（磨杵）两部分。

东汉时期，纸的发明、毛笔的改进、书画的需求促进了墨的改进。这时候发明了墨模，经过压模、出模等工序，墨质坚实且形制规整。墨丸改进为墨锭，人们可以握着墨锭直接研磨，研石渐渐地退出历史舞台。

那么墨是如何制造的呢？

松烟是制墨的原料之一，早期还有石墨一类的矿物，后来还有油料、漆料等其他能够燃烧出优质烟炱（tái）的原料，但并不能动摇松烟的主要地位。

松树含有一种特殊的物质——松脂，其主要成分是松香和松节油，这是松木出烟率高的原因，也是决定制墨质量的重要因素。新砍伐的松树并不适合制墨，因为松脂含量过高，烧出来的烟炱会凝结成硬块，磨墨时会让砚台发出"吱吱嚓嚓"的噪音。所以，松木需要经过一两年的自然陈化，待松节油挥发，松香与木纤维沉淀、融合之后，才能进行烧制。

刚开始时墨的形状比较粗糙，有的像瓜子，有的像药丸，需要用砚石碾碎。唐宋之后，墨的外观变得华丽起来，描龙画凤，着彩沥金。在明代，更是出现了专讲墨范（给墨定型的模子）形状、图案的范本。墨成为文房清玩。

湖北云梦睡虎地秦墓中出土的墨块

西汉墓中出土的墨丸

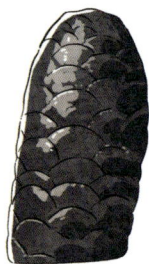

西汉墓中出土的墨块

5.2.2　印刷工艺

活字印刷术的发明促进了我国印刷事业的蓬勃发展，大量书籍的问世扩大了知识传播范围，民间对印刷产品的需求也促进了印刷术的不断改进。明代之后，雕版、活字版和彩色印刷都有了普遍的应用。在活字版方面，不仅有木活字，而且出现了铜、锡等金属活字。彩色印刷则是在雕版印刷的基础上，采用各色分版套印而呈现出五彩缤纷的彩色印刷品的印刷技术。这一技术是在宋元朱墨印刷和印后上色的基础上发展起来的。明清时期，印刷呈现多样化发展，体现了古代中国人的智慧，推动着科学和文化的不断进步。

多色套印印刷

在一块版上用不同颜色印刷文字或图像，称为多色套印。多色套印术源于西汉时期织物印染中的多色印花，书籍的多色套印与手抄书籍有关。1941 年发现的一部元顺帝至元六年（1340 年）中兴路（今湖北荆州江陵）资福寺刻印的《无闻和尚金刚经注解》就是用两色印刷的，是中国现存最早的朱墨两色套印书籍的实物。

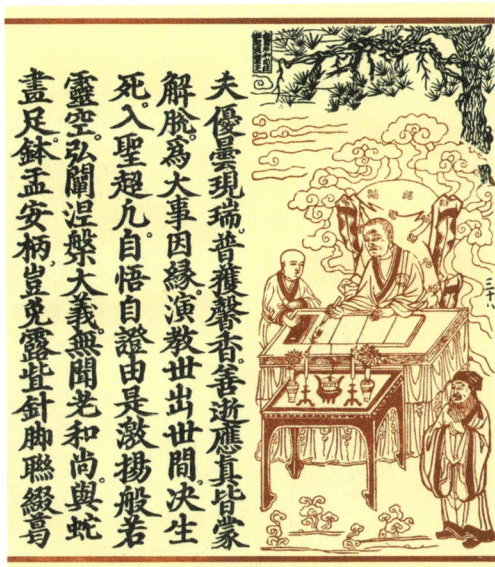

由于套印技术比较复杂，刻印一部书籍比单版雕印费时、费工，成本也高，不易推广，因此，套印在很长一段时间里没有被推广。到了明代后期，套印才开始盛行起来。

饾版、拱花印刷

在明代后期，对雕版印刷技术的改进做出巨大贡献的是胡正言。他采用的"饾（dòu）版""拱花"印刷新工艺将古代中国的印刷技术提高到一个新的水平。

饾版印刷，就是按照彩色绘画原稿的用色情况，经过勾描和分版，将每一种颜色分别雕一块版，再依照"由浅到深，由淡到浓"的原则逐色套印，最后完成一件近似于原作的彩色印刷品。明代也称其为彩色雕版印刷，清代中期及以后称其为木版水印。

饾版印刷用的工作台

清政府活字版印书

清政府积极使用活字版印书，雍正年间完成了铜活字排印的大部头书《古今图书集成》，共刻铸铜活字 20 多万个。乾隆年间，武英殿又刻制木活字 15 万个，排印了《武英殿聚珍版丛书》。清政府大规模使用活字版印书的行为对民间活字版的推广起到了一定的作用。

武英殿活字版印书有以下几个步骤。

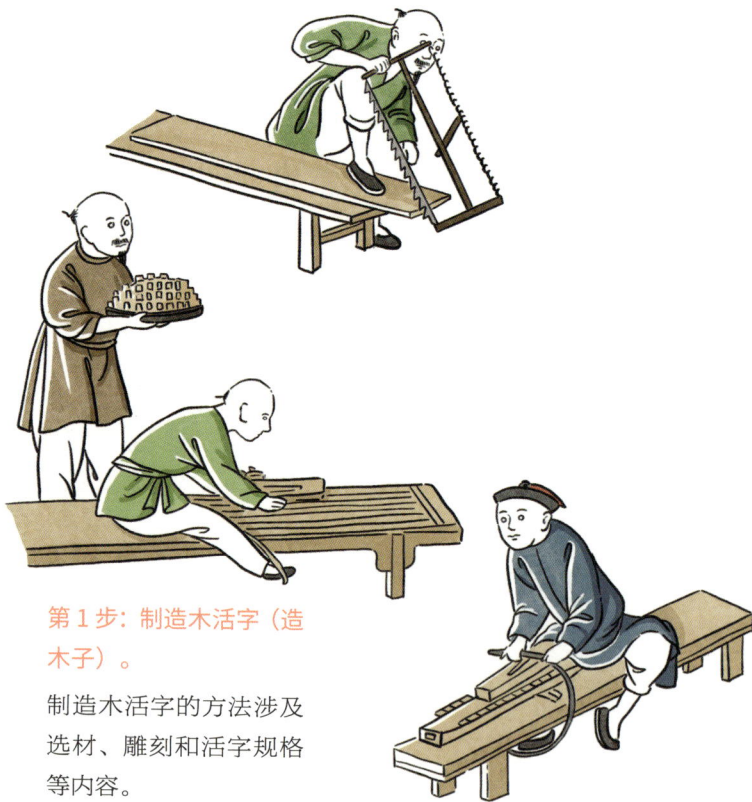

第 1 步：制造木活字（造木子）。

制造木活字的方法涉及选材、雕刻和活字规格等内容。

第 2 步：刻字。

将需要刊刻的字用宋体写在事先画有格子的薄纸上，写好后逐字裁开，反贴在木子的上面。然后将木子放在专用刻字的木床上，用活闩闩紧，就可以由刻工刻字了。

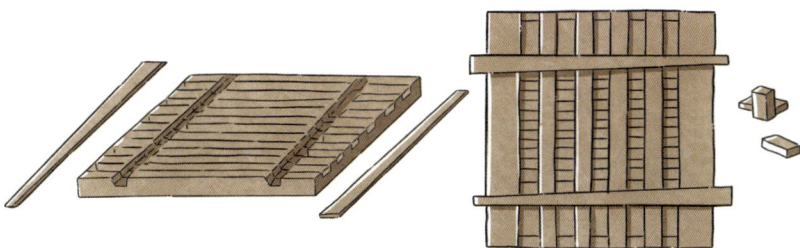

第 3 步：活字管理。

按照《康熙字典》的"十二干支分类法"，将活字分别排列在 12 个木柜中。每个木柜高五尺七寸，宽五尺一寸，进深为二尺二寸，木柜腿高一尺五寸，每个木柜配备一条木凳，木凳的高度与柜腿的高度相等，以便站在凳子上取字。每个木柜做 200 个抽屉，每个抽屉分为大小 8 个格子，每个格子中放入大小字母各 4 种，在各个抽屉的面板上写上这 4 种字母所示的某部某字及笔画数。取字时先按照偏旁知道该字属于哪部、放在哪个木柜之中，再查笔画数，便知该字放在哪个抽屉内。熟练之后，拣字十分方便。生僻的字可以少刻，另外造一个小木柜收藏。将小木柜放在大木柜的上面，一目了然，拣字也十分方便。

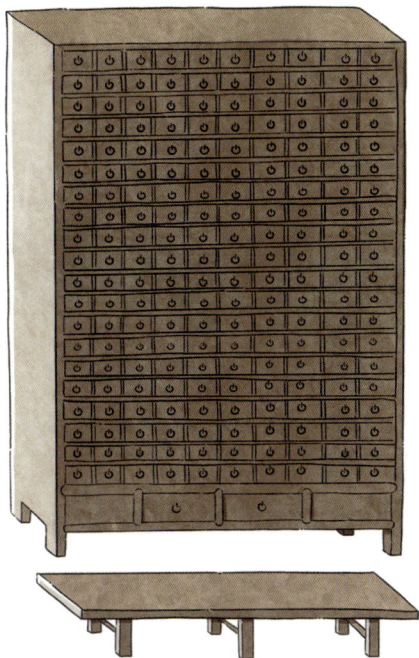

第 4 步：制槽板。

用干燥的楠木制作长方形槽板，在槽板的四角包上铜角，使其更加坚固耐用。

第 5 步：填空材料。

填空材料也是用干燥的楠木制作的，有 4 种规格，按书内文字排布不同而区别使用。

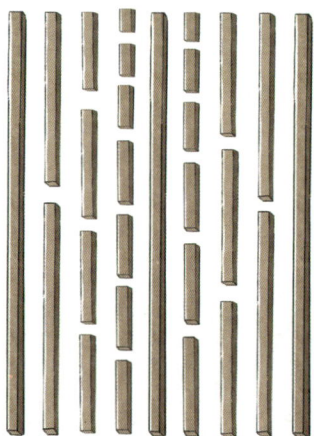

第 6 步：制顶木。

用松木制成长度为 1 个字到 20 个字长短的方木条若干根。排版时遇到版面中无字的空行，则根据空行的长短嵌入不同长度的顶木，这样该行的活字就被固定在正确的位置而不至于移动。

第 7 步：制中心木。

用松木制成高五分、长五寸八分八厘、宽四分的木条若干根，凡摆书至第 9 行时，就放入中心木一条，对应于套格的版心。

第 8 步：制类盘。

用松木制成宽一尺四寸、长八寸、深五分的托盘（类盘），盘内嵌入数十根木挡板，形成数十个宽四分的空槽，取字或归字时，随手将木活字放到木挡板之间，木子就不易向左右两边倾倒。

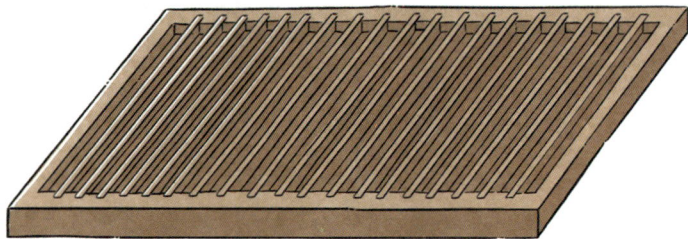

第 9 步：制套格。

用梨木制成宽七寸七分、长五寸九分八厘的木板，在板内刻上比槽版里口每边大 0.5 分的边线，版心按现行书籍的样式每幅刻出 18 行格线。每行宽四分，版心也宽四分。书名、卷数、页数与校对者姓名事先刊刻好，在印刷套格时与书名等嵌入版心一同刷印。

第 10 步：摆书。

对待印文稿内的字数进行统计，确定每个字需要用多少个，分类统计后另抄在一张纸上，按抄件从字柜中取出需要的字放在托盘中。然后按照文稿的顺序及其文义将托盘中的木活字摆放在槽版内，每排满一行放入一根夹条，在大小字混排及有空档时放入不同厚度的夹条及顶木等。一块槽版摆满后，在一张小方纸上标注某书某卷某页，粘贴在槽版上，以便查找核对。

第 11 步：垫板。

木活字虽然经过了多次平准，但是吸湿后往往伸缩不一，以至于排好的版面高低不平。对于低于版面的木子，可先将其取出，垫上相应厚度的纸，使其与版面平整。

第 12 步：校对。

每块活字版垫平之后，立即印刷一张草样进行校对，如果发现错字或错位，立即进行抽换，再印刷一张草样进行校对。如果草样清晰而无谬误，就可以正式印刷了。换出的字应及时放入字柜中贮藏。

第 13 步：印刷。

武英殿书籍的印刷是由两次套印完成的，采用了特制的印刷台，将印刷用纸与活字版固定，手工印刷。

第 14 步：活字归类。

每块活字版印完之后，应立即将活字版内的木字取出，按木字的分部、偏旁、笔画等放回托盘，再将托盘放回字柜的抽屉中。无论是取字还是归字都必须按照分类分别排放，保持清晰不错放。

图书在版编目（CIP）数据

千年奥秘：图解中国古代自然科学 / 刘庆天等编著；

杜田, 朝汎绘. -- 北京：电子工业出版社, 2025. 3.

ISBN 978-7-121-49742-1

Ⅰ. N092-64

中国国家版本馆CIP数据核字第2025KT3536号

责任编辑：王佳宇

印　　刷：北京启航东方印刷有限公司

装　　订：北京启航东方印刷有限公司

出版发行：电子工业出版社

　　　　　北京市海淀区万寿路173信箱　邮编：100036

开　　本：787×1092 1/16　印张：8.25　字数：211.2千字　　插页：3

版　　次：2025 年 3 月第 1 版

印　　次：2025 年 3 月第 1 次印刷

定　　价：98.00 元

凡所购买电子工业出版社图书有缺损问题，请向购买书店调换。若书店售缺，请与本社发行部联系，联系及邮购电话：（010）88254888，88258888。

质量投诉请发邮件至zlts@phei.com.cn，盗版侵权举报请发邮件至dbqq@phei.com.cn。

本书咨询联系方式：（010）88254161～88254167转1897。